茶席美学探索

茶席创作与获奖茶席赏析

周智修　主编

中国农业出版社
CHINA AGRICULTURE PRESS
北　京

Preface

前言

让灵魂栖息在茶席里

著名美学家、哲学家朱光潜先生说："世界上最快活的人不仅是最活动的人，也是最能领略的人。所谓领略，就是能在生活中寻出趣味。好比喝茶，渴汉只管满口吞咽，会喝茶的人却一口一口地细啜，能领略其中的风味。"柴米油盐酱醋茶，日常的茶，只是生活的必需品而已，但当我们细细品味时，会发现茶的无穷魅力！所以，朱光潜先生又说："你要做的，只不过是发现生活之美。"生活的道路也许并不平坦，也许有沟沟坎坎，这才是生活的真实一面！犹如品茶，吞咽的是苦味，回味的是甘甜。实际上，生活中充满美好，只是缺乏发现美的眼睛。美，并非高不可攀，美就在我们的生活中，在我们的身边。

茶席创作是热爱生活的人，在家里或在任何空间，"随心所欲"地摆弄茶与器物而创作的艺术。茶席创作是增添生活情趣、宣泄情感和创造美、发现美的方式之一。本书专为热爱生活与美的人而写作，将茶席创作的理论与实践紧密结合，期望我们共同在茶席的方寸之地与美徜徉。

本书分为两篇。上篇内容为"茶席创作"，从茶席的界定入手，阐述茶席的特性、构成要素；将构图法、色彩学、人体工程学等知识引入茶席创作中；提炼出茶席的七种构图形式；详细阐述茶席的色彩搭配、茶席布设及文本撰写和意境营造等方法和技巧。本篇为追求品质生活的爱茶人、爱器人提供由浅入深的茶席创作思路与方法。下篇内容为"茶席赏析"，从第三届、第四届全国茶艺职业技能竞赛获奖茶席作品和中国农业科学院茶叶研究所举办的第四届、第五届茶艺师资培训班学员的作品中选出赏析案例，按照茶席所表达的主题进行分类，分别以茶道茗理、顺时而饮、借席言情、诗境之美、平凡之美为题，分为五章，共54席。茶席创作技能并非艺术家专有，有创造、创新能力和追求美好生活方式的人都可以创作出美的茶席。

本书中的作品来自全国不同的区域，涵盖了20多个省（区市），题材丰富，表现手法和技巧多样，可以代表现阶段茶席艺术的水平。书中特别请专家对每一席进行赏析，对作品主题进行进一步的凝练和提升，分析肯定作品的立意、创作的思路和表现的手法，指出不足之处，以供读者借鉴。

剪一段闲暇时光，裁一块方寸之地，我们放慢脚步，放松身体，在专注于茶与器的摆弄中，暂离凡尘，让眼、耳、鼻、舌、身、意浸润在茶汤里！你若真心对茶，茶将告诉你全部！让灵魂栖息在茶席里，你会发现曾经的初心是那么的单纯，真正的自己，原来如此之美好！

周智修

2020年8月

目录

Contents

茶席创作

本篇共分四章。从茶席的界定入手，阐述茶席的特性、构成要素；将构图法、色彩学、人体工程学等知识引入茶席创作中；提炼出茶席的七种构图形式；详细阐述茶席的色彩搭配与布设以及文本撰写和意境创造等方法与技巧等。

第一章

茶席的界定

第二章

茶席的色彩搭配

第三章

茶席的席面与作业空间

第四章

茶席的创作

茶席赏析

本篇以第三届、第四届全国茶艺职业技能竞赛总决赛获奖作品和中国农业科学院茶叶研究所第四届、第五届茶艺师资班学员的茶席作品为赏析的案例，按照茶席所表现的主题进行分类，分别以茶道茗理、顺时而饮、借席言情、诗境之美、平凡之美为题，分成五章进行赏析。

第五章

茶道茗理

第六章

顺时而饮

第七章

借席言情

第八章

诗境之美

第九章

平凡之美

上篇

茶席创作

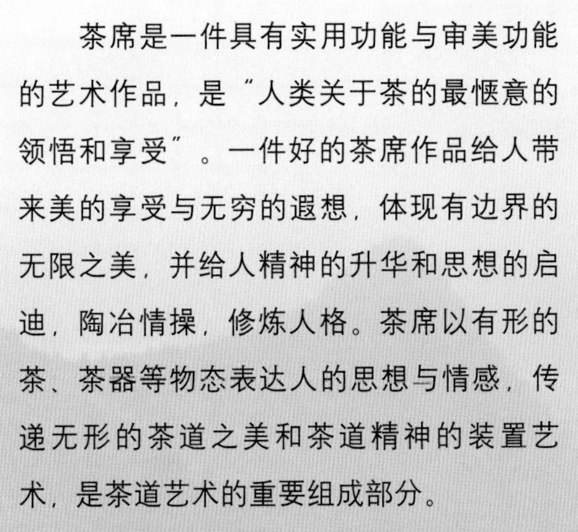

茶席是一件具有实用功能与审美功能的艺术作品，是“人类关于茶的最惬意的领悟和享受”。一件好的茶席作品给人带来美的享受与无穷的遐想，体现有边界的无限之美，并给人精神的升华和思想的启迪，陶冶情操，修炼人格。茶席以有形的茶、茶器等物态表达人的思想与情感，传递无形的茶道之美和茶道精神的装置艺术，是茶道艺术的重要组成部分。

本篇共分四章。从茶席的界定入手，阐述茶席的特性、构成要素；将构图法、色彩学、人体工程学等知识引入茶席创作中；提炼出茶席的七种构图形式；详细阐述茶席的色彩搭配与布设以及文本撰写和意境创造等方法与技巧等。

第一章 茶席的界定

本章重点阐述茶席的含义、茶席的艺术特性与个性、茶席的情感与精神层面的意义；厘清茶席与造型艺术、茶席与空间艺术、茶席与装置艺术、茶席与茶艺演示等的关系；明晰茶席的构成要素及各要素的功能表达等。

第一节　何为茶席

何为茶席？这是茶席创作者首先要思考的问题，本节着重阐述茶席的含义和特性。

一、什么是茶席

茶席可作为一个独立的艺术形态来欣赏，犹如一幅画、一首诗、一首乐曲，是现代茶文化复兴的产物。曾几何时，几位有情调的闲暇文人坐在松下、溪边的岩石上，听松、品茶、吟诗、清谈，摆弄一些茶与器，体验古人“涧花入井水味香，山月当人松影直”“细吟满啜长松下”的诗意生活。喜好摄影者，把茶器、涧溪流水、野花拍成一组照片，被一家杂志的编辑相中，将照片发表在杂志封面上，于是便有了现代茶席的雏形。

近几十年来，茶席作为一种可以展示的艺术形态，不断被充实和完善。许多国家级的茶艺竞赛把茶席作品列为比赛项目，激发了茶艺爱好者的创作热情，优秀的茶席作品不断涌现。专家学者们对茶席的内涵、形式、内容、审美等进行理论方面的探索与研究，并编写出版了不少有关茶席的书籍。茶席作为茶文化大观园里的一种艺术形态，也日趋完美。

1.茶席的含义

那么，什么是茶席？如何界定茶席？不少前辈、学者阐述了茶席的内涵。

蔡荣章老师认为，茶席是为了表现茶道之美或茶道精神而规划的一个场所，从狭义角度说，从事泡茶、品饮或兼及奉茶而设的桌椅或空间，皆称为茶席；从广义角度说，茶席包含了茶事活动所在的房间，甚至还包含庭院。童启庆老师说：“茶席，是泡茶、喝茶的地方。包括泡茶的操作场所、客人的座席以及所需气氛的环境布置。”乔木森老师认为，茶席是以茶为灵魂，以茶具为主体，在特定的空间形态中，与其他艺术形式相结合，共同完成的一个有独立主题的茶道艺术组合。池宗宪老师说：“茶席是想传达摆设茶席的茶人的一种想法的方式，一种漫游于自我思绪中，曾经思索所想表达的语汇，成为一种自我询问与对话的作业方式。”于良子老师在《大家说茶艺》一书中说：“静止状态的茶席是无声的诗，立体的画，凝固的音乐……进入品茗活动的茶席是有声的诗，舒展的画，流淌的音乐。”王旭烽老师说：“一方茶席，或大或小，或内或外，或东方风格或欧美风格，尽管面貌各异，其中紧密关联的只可能是人心与人性。比如我们的一个家庭空间，总是先想到要有一张床可以安放身躯，那么，我们的灵魂也是要有一个栖息之处的。茶席艺术，应该是灵魂歇脚的最佳去处吧！”……老师们对茶席的理解，有的侧重有形的空间，有的侧重无形的精神；有的侧重美感，有的侧重功能；有的述说情感的传达，有的直面人性与灵魂。这些皆有助于学习者加深对茶席含义的理解。

本书所阐述的茶席概念，是基于静止状态的装置艺术。一旦在茶席上进行泡茶活动或泡茶演示，则属于茶艺演示的范畴——茶席是茶艺演示的必备装置。本书暂且不讨论在茶席上进行动态的茶艺演示（如何进行茶艺创作与茶艺演示将在《茶艺美学探索　茶艺创作与获奖茶艺赏析》一书中详述）。在这样的界定下，我们再来讨论什么是茶席，就显得比较单纯和清晰。

基于从事二十多年茶艺培训的实践，以及执裁多个国家级茶艺赛事，如中华人民共和国第一届职业技能大赛茶艺精选项目、全国茶艺职业技能竞赛、全国大学生茶艺大赛、中华茶奥会等，指导茶席创作与评阅无数茶席作品的积累，同时吸取专家学者的积极观点，笔者理解的茶席具备以下几个要素。

① 空间

茶席是一个三维空间，这个立体空间可大可小，可以在桌面上，也可以在一块平整的岩石或木板上，也可以在地面上，可以在室内，也可以在室外（庭院）等。

② 主体

茶席的主体是空间范围内的茶、器与相关的物品。

③ 蕴美

茶席蕴含并呈现茶道之美。

④ 灵魂

茶席蕴含茶道精神。茶道精神统摄茶席，是茶席之魂。

⑤ 性情

茶席传达人们的思想与情感，表达人们的心性。

综上所述，茶席是以有形的茶、茶器等物态展现于一个三维空间中，表达人的思想与情感，传递无形的茶道之美和茶道精神的一种装置艺术，是茶道艺术的重要组成部分。茶席如音乐、绘画、书法等，均属于艺术的范畴。

2.茶席之魂——茶道精神

中国茶道精神是在儒、道、释母体文化的孕育下逐渐形成的。唐代皎然在《饮茶歌诮崔石使君》一诗中有“孰知茶道全尔真，唯有丹丘得如此”的诗句，首次提出“茶道”两字，但没有阐述茶道的内涵。唐代陆羽《茶经》开篇说“茶之为饮，最宜精行俭德之人”，提出“精行俭德”的茶道思想；宋代赵佶在《大观茶论》中提到“致清导和”；明代张源在《茶录》中写道：“造时精，藏时燥，泡时洁，精、燥、洁，茶道尽矣”……当代茶学泰斗庄晚芳先生提出“廉美和敬”的中国茶德思想，践行108岁“茶寿”的张天福先生提出“俭清和静”的中国茶礼思想，中国国际茶文化研究会会长周国富先生提出“清敬和美乐”的中国茶文化核心思想，等等。

精、俭、清、廉、和、美、静、敬、真……人们从不同的视角归纳总结了中国茶道精神。中国茶道精神是茶道艺术作品的灵魂，也是茶席作品的灵魂。

3.茶席内蕴——茶道之美

美是所有艺术作品的共性。中国哲学是一种生命哲学，《易经》将宇宙和人视为一大生命体，天人合一，生命之间彼此涤荡，浑然一体。人超越外在的物质世界，融入宇宙生命世界中，伸展自己的灵性。在这样的背景下产生的美学，是生命体验和超越的学说，它是哲学的重要组成部分。北京大学朱良志教授说：“在中国美学中，人们感兴趣的不是外在美的知识，也不是经由外在对象‘审美’所产生的心理快感，它所重视的是返归内心，由对知识的荡涤进而体验万物，通于天地，融自我和万物为一体，从而获得灵魂的适意。”

中国茶道美学也是一种生命安顿之学，不在意一般的审美快感，而在意在超越的境界中，获得深层次的生命安慰。根植于中国古代哲学思想的茶文化，中国茶道之美是超越茶本身的外形美、茶汤美、香气美、滋味美以及茶席美、沏茶美、礼仪美等形象美，融自我与茶为一体，获得心与灵的彻底放松与舒展，让生命与宇宙融为一体的圆融之美、自然之美、超脱之美、寂然之美、壮丽之美、穿越古今之美。

二、茶席的艺术特性

绘画用线条与颜色表达，书法用笔墨表达，音乐用音符、音节和节奏表达，茶席则用茶与器构成的形态来表达艺术之美。茶席作品属于艺术范畴，与绘画、书法、音乐等有共同的艺术特性，也具有独特的艺术个性。

1.茶席归为造型艺术

艺术是用形象来反映现实，但比现实更具有典型性的社会意识形态，包括绘画、雕塑、建筑、音乐、舞蹈、戏剧、电影、曲艺、文学等。一般来说，根据表现手法和方式的不同，艺术可分为表演艺术，如音乐、舞蹈等；造型艺术，如绘画、雕塑、建筑等；视听艺术，如电影、电视、曲艺、戏剧等；语言艺术，如文学等；综合艺术，如戏曲、摄影等。根据时空性质，又可将艺术分为时间艺术、空间艺术和综合艺术。

茶席是以茶与器、器与物的组合形态来反映品茶生活这个现实，又比品茶生活更具有典型性的一种艺术形态。按艺术分类的表现手法和方式，茶席可归为艺术范畴中的造型艺术。

2.茶席属于装置艺术

茶席是借一方寸之地为“场地”，用茶、器物作为“材料”，按一定的艺术规律进行组合与创造，并寄托创作者的“情感和思想”的艺术。

因此，茶席按时空性质，又可以归为空间艺术，是空间艺术中的装置艺术。装置艺术是创作者在特定的时空环境里，将人们日常生活中的物质文化实体进行艺术性的有效选择、利用、改造与组合，以令其演绎出新的展示个体或群体，并内含丰富的精神文化意蕴的艺术形态。简单地说，装置艺术是“场地+材料+情感”的综合展示艺术，是空间艺术形式之一。

3.茶席传达思想与情感

艺术是一种文化现象，大多为满足人们主观与情感的需求，也是日常进行娱乐的特殊方式，其根源在于不断创造“新兴之美”，借此宣泄内心的想法与情绪，属浓缩化和夸张化的生活。

茶席作品来源于品茶活动。随着人们生活水平的提高，更多的人选择品茶充实自己的物质生活、涵养自己的精神世界，追求内心的平静与安宁，提升生活品质，享受诗意生活。在摆弄茶与器的过程中，宣泄情感，发现美好，找到无限的乐趣，有意无意中创造了“新兴之美”的茶席作品。

4.茶席具有形象性与审美性

形象性与审美性是艺术作品最突出的特征。艺术起源于生产劳动与生活，并渗透到人类活动的各个方面，是人类自由创造能力的体现。艺术随着社会发展而发展，优秀的艺术作品是全人类共同的精神财富。

茶席艺术也是随着时代的发展而发展，当今社会物质丰富，茶文化顺势逐渐复兴。创作者按照艺术规律塑造茶席形象，对人的品茗活动作出感性与理性、情感与认知、个性与统一的反映，把品茶生活与表现情感、思想结合起来，用茶与器、器与物、光与影等在空间的组合，形成一个茶席的形象外观，呈现茶道之美，因此，茶席作品既具形象性，又具有审美的特性。

5.茶席是静态的艺术形态

茶席是茶文化传承、弘扬、创新中的一个文化创意作品。茶席是一个静止的艺术形态，可以作为独立的艺术形态来欣赏，是茶艺演示的基础，又是茶艺演示的重要组成部分。茶艺演示是在静止的茶席上进行动态的赏茶、温杯、投茶、冲泡等泡茶流程的演示，是动态的艺术。

三、茶席的艺术个性

1.茶席具有实用性

艺术功能往往表现在两个方面：一是创作者在特定艺术领域的创造过程中，该艺术形态给予创作者的积极影响，犹如上述提到的，在茶席创作过程中，创作者浸润于器、茶之中，获得灵魂的舒展和适意；二是创作者的行为或创作成果，给予艺术欣赏者以积极而独特的作用与影响。大多数学者认为，艺术作品具有审美作用、认识作用和教育作用。艺术的多种功能是有机统一的，审美作用是基础、认识作用和教育作用在给人以审美愉悦、审美享受的过程中自然发挥出来。

茶席具有上述审美、认识、教育作用外，还具有实用功能，即泡茶和品茗功能。“写实”的茶席，即具备所有构成要素的茶席，是可以在席上进行泡茶作业和品茗活动的。“写意”的茶席，即仅仅具有部分茶席构成要素，呈现茶席的形象与外观，不具备泡茶功能。

本书提到的茶席均指具有泡茶功能、构成要素齐全的茶席，即“写实”的茶席。

2.茶席具有舒适性

依据人体工程学创作的“写实”的茶席作品具有舒适性。人体工程学是研究人和机器、环境相互作用及其合理结合，使设计的机器和环境系统适合人的生理、心理等特征，达到在生产中提高效率，安全、健康和舒适的目的。

茶席虽然不是机器，但“写实”的茶席，实际上是泡茶人作业的平台与空间，符合人体工程学设计的茶席，能让茶席适合人的生理、心理特征，让人在茶席上泡茶作业和品茗时达到安全、健康、舒适的最优化。

3.茶席具有时效性与灵活性

茶席作品具有时效性，可应时、应地、应宜创作；同时创作者可以随时把思想、灵感记录下来，灵活性强。一旦有新的灵感，又可以重新创作与组合，所以，时效可长可短。

第二节 茶席的构成要素

茶席的构成要素包括：茶叶、器（用）具、光、空间等，缺一不可。

一、茶叶

茶叶是茶席的主角。选择什么茶作为茶席作品的主角，需要考虑茶的物质属性和文化属性。具体到某个茶的文化属性需要了解该茶的历史背景、产茶地域的地理环境和人们的饮茶习俗等。

中国茶类丰富。根据鲜叶加工工艺不同、茶多酚氧化程度不同和成茶品质特征，茶叶分为绿茶、白茶、黄茶、青茶（乌龙茶）、红茶、黑茶六大基本茶类，每一茶类中又有品目繁多的产品。绿茶为不发酵茶；白茶、黄茶为轻发酵茶；乌龙茶为半发酵茶；红茶为全发酵茶；黑茶为后发酵茶。在基本茶类基础上再加工而成的花茶、工艺茶等称为再加工茶。茶类不同，出产地域不同，品种和工艺不同，茶叶品质各不相同。

（一）六大基本茶类和花茶

1.绿茶

绿茶是中国第一大茶类，产量占六大茶类总产量的65%左右，近几年产量在茶叶总产量中的占比略呈下降趋势，20个产茶省均生产绿茶，也是消费量最大的一个茶类。中国高级绿茶的品质水平为世界之最，著名的名优绿茶有浙江的西湖龙井茶、江苏的洞庭碧螺春、安徽的黄山毛峰、河南的信阳毛尖、贵州的都匀毛尖、安徽的太平猴魁、湖北的恩施玉露、江西的庐山云雾、浙江的安吉白茶等。

绿茶为不发酵茶，一般经摊放—杀青—（揉捻）—干燥等加工工艺制成。高温杀青钝化多酚氧化酶的活性，抑制茶多酚的氧化，形成“干茶绿、茶汤绿、叶底绿”的品质特征，俗称“三绿”（图1-1）。

图1-1 绿茶干茶、茶汤、叶底

通常，我们从外形、汤色、香气、滋味、叶底五项因子综合判定绿茶的品质水平。名优绿茶外形以造型优美、富有特色、色泽鲜活、匀度一致、个体整齐匀整为佳；汤色以嫩绿、清澈明亮为佳；香气以新鲜、香型高雅悦鼻、余香经久不散为好；滋味强调鲜和醇的协调感。

2.白茶

白茶属轻微发酵茶，产量只占茶叶总产量的1%左右。白茶采用满披白茸毛的茶树品种鲜叶，不炒不揉，经萎凋、晒干或烘干的工艺制成，形成了白茶清新淡雅的风格。白茶汤色清淡，味鲜醇，具有一定的清火功效。传统白茶色泽以白为贵，风味注重清醇甜和。著名的白茶有：福建的白毫银针、白牡丹、寿眉等（图1-2）。

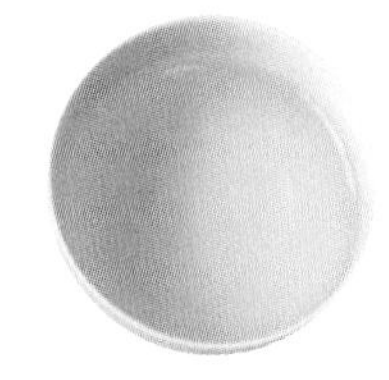

图1-2　白茶干茶（白毫银针）、茶汤、叶底

3.黄茶

黄茶属于轻发酵茶，产量不到总产量的1%。加工工艺与绿茶基本相似，只增加了一个堆积闷黄的工序，即摊放—杀青—揉捻—堆积闷黄—干燥。黄茶品质特点是“黄汤黄叶”，滋味较绿茶醇厚，这是制茶工艺中进行堆积闷黄的结果。依原料的嫩度，黄茶分为黄芽茶、黄小茶、黄大茶。著名的黄茶有：浙江的莫干黄芽、安徽的霍山黄芽、四川的蒙顶黄芽、湖北的远安鹿苑、湖南的君山银针等。黄茶以外形嫩匀、色泽一致，汤色黄亮清澈，嫩香细腻持久、透花果香，滋味醇爽回甘，叶底匀齐明亮为佳（图1-3）。

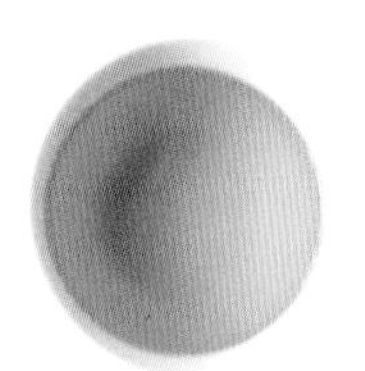

图1-3　黄茶干茶、茶汤、叶底

4.青茶

青茶，又称乌龙茶，属半发酵茶，产量占茶叶总产量的10%左右。中国主要的传统青茶产区为福建、广东、台湾三省，形成闽南、闽北、广东、台湾四大产区。近几年其他省份也少量生产乌龙茶，如浙江、湖北、湖南、山东等省。

青茶的加工工艺为：萎凋—做青（摇青、晾青）—杀青—揉捻—干燥。由于独特的茶树品种和摇青与晾青加工工艺，形成了乌龙茶绿叶红镶边、具天然花果香、滋味浓醇的品质特征。著名的乌龙茶有：闽北的大红袍、肉桂、水仙；闽南的铁观音、漳平水仙、白芽奇兰、佛手；广东的凤凰单丛、岭头单丛；台湾的冻顶乌龙、东方美人、文山包种等。青茶以外形紧结重实、色润整齐为好；汤色的色度表现最广，从蜜绿到橙红，以明亮为上品；香气以品种的花果香、清幽香、浓郁持久为佳；滋味以鲜爽、醇厚、有韵味、回甘为佳（图1-4）。

图1-4 青茶干茶（颗粒形）、茶汤、叶底

5.红茶

红茶一般分红碎茶、工夫红茶和小种红茶三类，产量占茶叶总产量的10%左右。工夫红茶是中国红茶的代表产品。著名工夫红茶有：云南的滇红，安徽的祁红，江西的宁红、浮红，四川的川红，湖北的宜红，福建的坦洋工夫、金骏眉，广东的英红，江苏的竹海金茗等。

红茶为全发酵茶，加工工艺是：萎凋—揉捻—发酵—干燥。红茶因茶多酚在多酚氧化酶的催化作用下，氧化成茶黄素、茶红素和茶褐素，从而形成了“红汤红叶”的品质特点。工夫红茶其外形以紧结圆直，身骨重实，锋苗（或金毫）显露，色泽乌润，净度好为佳；内质以汤色红亮，茶汤与茶碗交界处带明亮金圈、有“冷后浑”的品质好；香气以香高悦鼻，冷后仍能嗅到余香者为好；滋味以醇厚、甜润、鲜爽为好（图1-5）。

图1-5　红茶干茶、茶汤、叶底

6.黑茶

黑茶是六大茶类中生产量和消费量都在快速增长的一个茶类，产量占茶叶总产量的10%左右。黑茶原料相对成熟，加工工艺为杀青—揉捻—渥堆—干燥（—成型），独特的渥堆工艺形成黑茶特有的风味特征，滋味醇厚、具陈香。著名的黑茶有：广西的六堡茶、云南的普洱茶、四川的康砖、湖北的青砖、湖南的茯砖等。黑茶品质好的表现为：散茶：外形紧实，整齐，色匀，汤色橙黄，香气陈纯，滋味陈醇甘滑，叶底深褐；紧压茶：造型周正匀称，汤色红浓明亮，香气陈纯，滋味陈醇回甘，叶底黑褐油亮（图1-6）。

  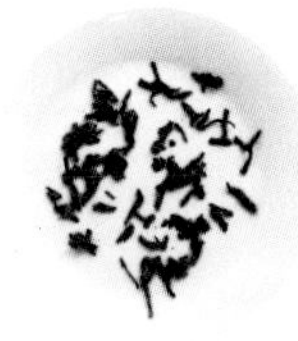

图1-6　黑茶干茶、茶汤、叶底

7.花茶

花茶属再加工茶，用茶叶配以香花窨制而成，既保持了纯正的茶味，又兼具鲜花的馥郁香气，花香茶韵，别具风味。花茶种类很多，依所窨鲜花种类不同，可分为茉莉花茶（图1-7）、白兰花茶、珠兰花茶、玫瑰花红茶、柚子花茶等，各具特色和风韵。高级花茶均要求香气鲜灵，浓郁持久；滋味醇厚鲜爽；以绿茶为茶坯的花茶汤色黄绿或淡黄，以红茶为茶坯的花茶汤色红亮或红黄，清澈明亮；叶底匀亮。

图1-7　花茶干茶

（二）六大基本茶类主要品质特征

茶树品种、栽培技术和加工工艺上的差别，导致茶叶的外形、茶叶冲泡后的汤色、香气、滋味和叶底等均有比较大的差异，由此，形成了六大基本茶类。六大茶类的主要品质特征见下表。

六大基本茶类的主要品质特征

茶类	外形		汤色	香气	滋味	叶底	
	形态	色泽				形态	色泽
绿茶	针形、扁形、条形、珠形、卷曲、花朵形等	嫩绿、黄绿、嫩黄、深绿、墨绿等	嫩绿、浅绿、杏绿、黄绿、黄	毫香、嫩香、花香、清香、栗香、豆香、海苔香	浓厚、浓醇、浓鲜、鲜、鲜醇、清鲜、醇爽	芽形、条形、花朵形、整叶形、碎叶形	嫩绿、嫩黄、黄绿、绿亮
红茶	细嫩、细紧、细长、弯曲、颗粒形	乌黑、乌黑油润、棕褐、金毫	红艳、红亮、玫瑰红、金黄、棕黄、红褐、橙黄（红）、橘红	花香、甜香、蜜香、果香、焦糖香、松烟香、浓郁	鲜甜、鲜爽、鲜浓、甜爽、甜和、甜醇、醇厚、花香味	鲜亮、红亮、柔软、单薄	
青茶	蜻蜓头、壮结、螺钉形、扭曲、圆珠形	砂绿、青褐、乌润、鳝皮色、绿润	蜜绿、黄绿、金黄、橙黄、橙红、清黄	花香、果香、花果香、乳香、浓郁、馥郁、浓烈、清高、清香、甜香	韵显、浓厚、浓爽、鲜醇、醇厚、醇和	柔软、软亮、绿叶红镶边	
黑茶	形状主要看匀整度	色泽主要看油润程度	橙黄、橙红、琥珀色	陈香	醇浓、醇厚、醇和、纯和	红褐、黑褐	
白茶	芽肥壮、芽叶连枝	墨绿、灰绿、白底绿面、黄绿	杏黄、橙黄、深黄、浅黄、黄亮	毫香、鲜醇、清鲜、鲜纯	清甜、醇爽、醇厚、青味	肥嫩	
黄茶	细紧、肥直、梗叶连枝、鱼子泡、弯曲	嫩黄、金镶玉、褐黄、黄褐	深黄、浅黄、杏黄、橙黄	清鲜、清高、清纯、板栗香、嫩香、毫香	鲜醇、醇爽、甜爽、醇厚	肥嫩、嫩黄、黄亮、黄绿	

（三）茶被赋予人文意蕴

茶除了有物质特性外，还被历代文人雅士赋予了人文特性和文化特性。如苏东坡将茶比作美人，他在《次韵曹辅寄壑源试焙新芽》一诗中写道："仙山灵雨湿行云，洗遍香肌粉未匀……戏作小诗君勿笑，从来佳茗似佳人。"唐代韦应物借茶喻人品高洁："洁性不可污，为饮涤尘烦……"西湖龙井、洞庭碧螺春、黄山毛峰、祁门红茶、大红袍等各有其文化意蕴，茶席要表达的文化意蕴应与茶本身具有的文化意蕴相一致。

二、器（用）具

茶具是构成茶席的主体之一。茶席的基本特征是实用性和艺术性相融合。因此，在选择茶具时，除了考虑其实用性以外，还应重点考虑茶具的质地、造型、体积、色彩、风格、美感及文化意蕴等，并使泡茶器、盛汤器等主茶具在整个茶席布局中处于最合适的位置，以便于泡茶。茶具按质地分有陶、瓷、玻璃、竹、木、漆、金属、石、玉等；按功用分有煮水器、泡茶器、盛汤器和辅助用具等。

（一）煮水器

煮水器是指用来烧水的器皿，通常由煮水炉（热源）和煮水壶两部分组成。煮水器有不同的材质、色泽与外形，选配时，应与其他茶具的色泽、质地、器形等相协调。

1.煮水炉

煮水炉是煮水壶下面的热源或加热底座。煮水炉有电炉（电磁炉、电陶炉）、炭炉、酒精炉等。电炉是现代最常用的加热电器，是把电能转化为热能对煮水壶加热的炉具。炭炉、酒精炉分别以木炭、酒精为燃料。电陶炉是采用远红外线技术，由炉盘的镍铬丝发热。此外，还有以天然气作为热源的煮水炉。炉具的选用是根据茶席作品的需要而定。

2.煮水壶

用来烧水的用具，即水壶（图1-8），材质主要有金属、陶、瓷、玻璃等。许次纾在《茶疏》中论及器时说“水藉乎器”，认为煮水壶、泡茶壶等器具的作用是举足轻重的。

煮水壶是基本用具，一般放在茶席主人右手的位置，也可根据个人习惯及环境需要进行适当调整。

图1-8　煮水炉与煮水壶

（二）泡茶器

泡茶器是用来泡茶的器具，是茶席作品的主体部分。主要泡茶器有茶壶、盖碗、茶碗、茶杯等，材质有陶、瓷、玻璃、金属等。创作茶席作品时，应根据茶席的创意、所泡茶的品类和饮茶习俗等，选择不同质地、不同类型的泡茶器。

1.茶壶

茶壶造型丰富、使用方便，是日常生活中常用的泡茶器（图1-9），由壶盖、壶身、壶底和圈足四部分组成。根据壶的把、盖、底、形的不同来划分，壶的基本形态有数百种。常用的壶有侧提壶、提梁壶、直把壶。

图1-9　茶壶

2.盖碗

盖碗由盖、碗、托三部分组成，又称“三才碗”“三才杯”，盖为天、托为地、碗为人，暗含天地人和之意，体现了“器以载道”的哲学思想（图1-10）。

图1-10　盖碗和壶承

3.茶碗

茶碗可用来泡茶，也可用来点茶。茶碗分为两种，一种是日常生活中较为常见的碗形；另一种是圆锥形碗，常称为斗笠盏（图1-11）。

图1-11　茶碗

4.茶杯

茶杯（大茶杯）多为圆柱形，有柄或无柄。直筒形玻璃杯常用于冲泡具有观赏价值的优质绿茶、黄茶、白茶或红茶（图1-12），陶瓷茶杯适合冲泡各类茶。

图1-12　茶杯

（三）盛汤器

盛汤器是用于盛放从泡茶器中分离出来的茶汤的器具，包括公道杯、品茗杯等。盛汤器对茶汤的影响主要体现在两个方面，一是盛汤器颜色对茶汤色泽的衬托；二是盛汤器材质对茶汤滋味和香气的影响。

1.公道杯

公道杯又名茶盅，分有柄、无柄，有盖、无盖，具有均匀茶汤浓度的功能，可作为分汤器具。茶汤沥入公道杯，再由公道杯分入品茗杯饮用。公道杯的色彩与形状应与主泡器的气质风格相协调（图1-13）。

图1-13　公道杯

2.品茗杯

俗称茶杯，分小茶杯（70毫升以下）和大茶杯（70毫升以上）。小茶杯用来盛放沥出的茶汤、品饮（图1-14），大茶杯直接泡茶饮用。

在茶席作品中，公道杯、品茗杯是席主与客人之间交流的载体。因此，这两种器皿材质、器型的选择能够传递出席主所要表达的思想及情感。

图1-14　品茗杯

（四）辅助用具

除主要泡茶用具外，泡茶、饮茶时所需的其他各种器具统称辅助用具，在茶席布置中也是不可或缺的。辅助用具包括桌布、桌旗、茶巾、盖置、杯托、茶罐、茶匙、茶荷（茶则）、茶匙架、水盂、花器、挂轴等。

① 桌布、桌旗

图1-15　桌布与桌旗

桌布也称为席布，是铺在桌面上的织品，由棉、麻、草、藤等制成（图1-15）。桌旗是铺在桌布上的长条形饰物，与桌布共同构成茶席的铺垫。席布用来确定茶席的色彩基调、衬托器具以及划分区域等。

② 茶巾

茶巾为擦洗、抹拭茶具的棉织物，分为受污、洁方两种。深色茶巾又称为受污，用于擦拭桌面、抹干溅出的水滴，或吸干壶底、杯底之残水。浅色茶巾谓之洁方，用于擦拭泡饮器内壁或杯口边沿。

③ 茶荷、茶则

茶荷用于观赏干茶样和置茶分样；茶则，是控制置茶量的器皿。用竹、木、瓷、玻璃、银等制成（图1-16）。

图1-16　茶荷与茶则

④ 茶匙

从贮茶器中拨取干茶的器具为茶匙（图1-17），对于颗粒细小的茶或粉末状的茶粉，也可用茶瓢来舀取。茶瓢多用竹、木等制成，类似汤瓢。

图1-17　茶匙和茶匙架

⑤ 茶匙架

搁置茶匙或茶针等的小物件，作用是避免茶匙直接与席布接触，可起到清洁、增添情趣的作用（图1-17）。

图1-18　水盂

⑥ 水盂

盛放弃水、茶渣等物的器皿，亦称“滓盂”“滓方”（图1-18）。

⑦ 茶叶罐

茶叶罐是用于盛放茶叶的容器，容积可大可小，茶席上使用的茶叶罐容积较小，装干茶30～50克即可（图1-19）。

图1-19　茶叶罐

⑧ 盖置

搁置壶盖或碗盖的小物件为盖置，避免盖子直接与席布接触，可保持清洁、方便操作（图1-20）。

图1-20　盖置（左）

⑨ 奉茶盘

奉茶盘通常为长方形、圆形等（图1-21）。

⑩ 杯托

杯托是放置茶杯的垫底器具，由金属、玻璃、陶瓷、竹木等制成（图1-22）。

图1-22　杯托

图1-21　奉茶盘

图1-23　壶承

图1-24　茶盘

⑪ **壶承**

壶承是放置茶壶、茶碗、盖碗等泡茶器的垫底器皿（图1-23）。使用壶承既可增加美感，又可防止泡茶器烫伤桌面。

⑫ **茶盘（或称茶海）**

用茶盘盛放茶杯、茶碗等茶具，可作为泡茶台面（图1-24）。

⑬ **点心盘**

点心盘是放置茶食的用具，用瓷、竹、金属等制成。

⑭ **花器**

花器是插花用的瓶、篓、篮、盆等器物（图1-25）。

图1-25　茶席插花和花器

⑮ 香器

香器是点香、燃香、焚香时用到的器具（图1-26）。

图1-26　香器

⑯ 挂轴

挂轴是悬挂在茶空间中书法与绘画的统称。书法作品以汉字书法为主，绘画作品以中国画为主（图1-27）。

图1-27　挂轴

三、光

光的来源有两种：自然采光和人工照明。在自然采光不足的情况下，可以采用人工照明。人工照明的设计一般有三个要素：

1.适当的亮度

适当的亮度，保证看清楚茶席上的主要器与物。

2.局部与背景的亮度反差

在静态的茶席上，常于主茶具上方使用射灯，以突出主体，但局部的照明与环境背景的差别不宜过大，亮度差太大易造成视觉疲劳。

3.光色

光的波长不同，呈现赤橙黄绿青蓝紫等不同的可见光，天空中彩虹，就是光的折射的结果。光色分暖色光、中性光和冷色光。

光色会对整个茶席的色调产生影响，可以利用光色营造茶席的色调和气氛，选用暖色光、冷色光还是中性光，可依据茶席的需要而定。光的亮度会对色彩产生影响。眼睛的色彩分辨能力与光的亮度有关，与亮度成正比。

四、空间

“写意”的茶席，可利用飘窗、楼梯转角、茶几、餐边柜、玄关等空间任意布设。而“写实”的茶席，对空间有一定的要求。

品茗空间包括泡茶作业的空间和品茗者活动的空间，可分为室内空间与室外空间。

无顶界面的空间是一个室外空间，而有顶界面的空间是一个室内空间，如在自家的花园里，设计一个有顶界面且东南西北都空的空间，也属于室内空间。室内空间构成包括五个方面，一是形态，如二维平面的长方形、正方形、圆形、椭圆形等与高度构成的三维空间形态；二是明暗；三是色彩；四是温湿度；五是音量。形态、明暗、色彩、温湿度、音量五位一体，相互制约，对处于空间中的人产生强烈的生理和心理影响。

（一）室内空间

1.温湿度

根据国内外的实验，人体感受最舒适的温度一般是18～22℃。夏季，人们感到最舒适的气温是19～24℃，冬季是17～22℃。空间温度超过舒适温度上限或低于舒适温度下限时，人会感觉到不适。空调和地暖的使用为实现空间温度的调控创造了条件。温度对人的舒适度影响很大。

在舒适的温度范围内，湿度对人体舒适度的影响不大，令人体较舒适的湿度为45%～65%。

2.音量

品茗空间必须保持安静，噪声分贝越低越好。噪声是一类引起人烦躁的声音，音量过强会危害人体的健康。持续的噪声，对人们的生理和心理都会造成压力，且噪声越高、持续时间越长，人们的压力感会越大。研究表明，当噪声强度持续超过80分贝，会使人情绪失控。因此，品茗空间的选址非常重要，尽量选在安静的区域或闹中取静之处，将噪声控制在最低范围。室内空间可以有一些令人舒适的声音，如适度音量的音乐、闹钟的滴答声、鼠标的按键声、水流声等。

3.空间大小

不同室内空间大小产生不同的行为心理，太低、太小会产生压抑感，过高、过大会产生空阔感，只有合适的高度与长宽，才会产生亲切与舒适感。如图1-28。

①空间大小与人际关系

空间的大小与人际关系有关，或者说空间大小影响人际关系。心理学家舒茨把人际关系的需求分为三类：一是包容的需求。即希望与他人交往并建立和维持和谐的人际关系。二是控制的需求。即希望通过权力或权威的建立，与他人维持良好的人际关系。三是情感的需求。即希望在情感方面与他人建立维持良好的人际关系。品茗活动室内空间设计则必须通过创造良好的人际交往空间，以实现和保证人们在情感方面的交流，维持人际间良好的交往关系，满足人际双方的社交需求。

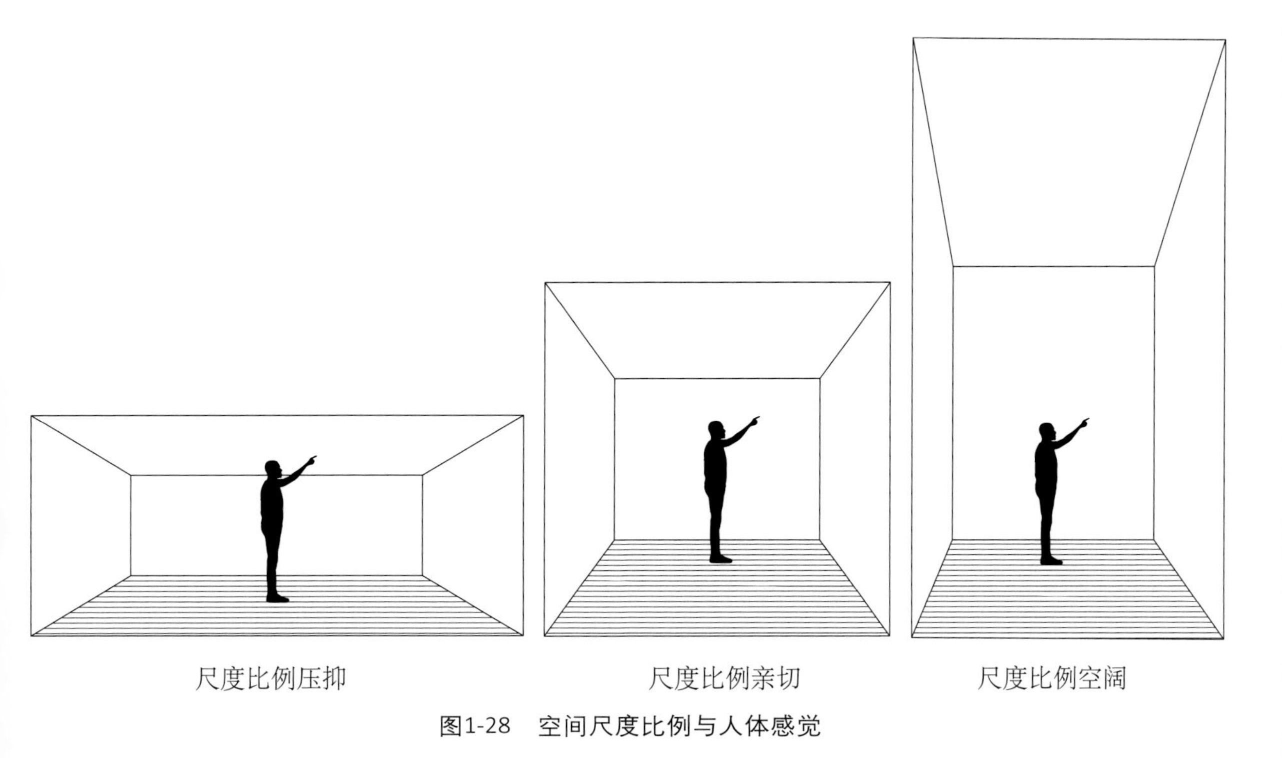

图1-28　空间尺度比例与人体感觉

② 人际距离与人际关系

品茶人之间的距离与空间的大小有关。品茶人是熟人还是生人，不同身份的人，人际距离不一样。身份越相似，距离越近。心理学家赫尔把人际距离分为4种：密友、普通朋友、社交关系、其他人。

人际距离与人际关系

人际关系	密友		普通朋友		社交关系	
	较近	较远	（近）	（远）	（近）	（远）
人际距离（厘米）	<15	16 ～ 45	46 ～ 75	76 ～ 120	121 ～ 210	211 ～ 360

③ 空间大小与品茗人数

一个泡茶的茶席，泡茶人和品茗者一般人数不超过8位，根据人员的多少，品茗空间的大小可从上述人际距离测算出来。有些品茗空间做得特别小，是为了促进人与人之间的亲密关系。

④ 空间氛围与心理

对空间的满意程度，不仅仅以生理的尺度去衡量，还取决于人的心理尺度，这就是心理空间。空间氛围对人的心理影响很大，当我们进入寺院，被寺院庄严的气氛所震慑，我们自然会低声说话，轻步行走。

品茗空间静、幽、净、洁、古、简……，进入这样的空间，让鼻专注于氤氲的茶香，让舌尖回味苦尽甘来的茶味、让目光凝视壶嘴吐出的一缕茶烟……让茶汤进入身体的每一个细胞，与身体融为一体。让人好似从凡尘中解脱出来，身心得以安静与放松。品茗空间特别强调对人心理的作用。

（二）室外空间

室外空间，是指没有顶界面与四周界面的空间，溪边、松下、山坡、草地、雪地……均可。“野泉烟火白云间，坐饮香茶爱此山”，踏春啜香茗、纳凉品绿水、赏秋观汤戏、设茗听雪落。当人的身心彻底放松，并融入大自然时，能真正理解唐代灵一“岩下维舟不忍去，青溪流水暮潺潺”的心境。

1. 踏春啜香茗

春风和煦，阳光灿烂，寻一处山花烂漫的溪水边，约三五好友，品新茶，感受天地之阳气上升，品味人间之真情。茶席空间依据人数的多少及相互间的亲密程度确定。

2. 纳凉品绿水

炎炎夏日，觅一阴凉处，或池塘边，或松竹下，松竹送风，“竹下忘言对紫茶，全胜羽客醉流霞，尘心洗尽兴难尽，一树蝉声片影斜。”茶烟飞扬中，夏日时光悄然滑过。

3. 赏秋观汤戏

秋风送爽，从初秋至深秋，枫叶由绿渐渐转红，大自然处处是景，景随时变，意随景迁，品茶赏秋，喝出别样滋味。“寒日萧萧上锁窗，梧桐应恨夜来霜。酒阑更喜团茶苦，梦断偏宜瑞脑香。秋已尽，日犹长，仲宣怀远更凄凉。不如随分尊前醉，莫负东篱菊蕊黄。”李清照在萧萧深秋，更喜苦味的团茶，寄托了忧伤与怀念之情。

4.设茗听雪落

雪后初霁，大地白茫茫一片，万籁俱寂，在阳光照耀下，有情调的文人在雪地上点燃一个红炉，用雪水烹茶，赏雪品茗，不乏雅趣。这红炉点雪，犹如开在寂静中的花，冷调子中，一点红色闪烁，给人惊艳的感觉，这就是清奇幽绝之境（图1-29）。茶席可大可小，一人独饮，如与天地唱和，二人对饮，非知己不可同饮也。

图1-29　设茗听雪

综上，茶席的构成要素主要为茶叶、器（用）具、光与空间。创作者并非茶席的构成要素，就如画家并非画的构成要素，书法家并非书法作品的构成要素一样，但茶席是创作者的思想的产物，承载了创作者的情感，没有创作者，就不可能有茶席。

此外，茶席上偶有茶点。茶点，是指在饮茶过程中佐茶的点心、茶果等茶食的统称。茶点非必需，依人、依茶、依时间而定。若有小孩、刺激性强的茶、空腹饮茶，准备些茶点就很有必要。茶点在茶席中的主要特征为：分量少、体积小、制作精细、样式清雅，与茶搭配口感协调。

第二章 茶席的色彩搭配

我们在欣赏茶席时，首先注意到的是茶席的色彩。色彩是引起我们共同审美愉悦的最为敏感的要素之一，茶席的色彩直接令人产生联想，影响我们的心理和情感。了解掌握色彩的基础知识，并能熟练运用色彩，是创作茶席的基本技能。

第一节　色彩的分类

丰富多样的颜色可以分为两大类，有彩色系和无彩色系。

一、有彩色系

有彩色系是指红、橙、黄、绿、青、蓝、紫等颜色，这些基础色按不同比例相混合，产生出各种色彩。不同明度和纯度的基础色都属于有彩色系（图2-1）。

图2-1　有彩色系

有彩色系具有三个基本特性：色相、纯度、明度，这三个基本特性不可分割，应用时必须同时考虑。要正确地调配色彩，并把色彩运用得恰到好处，需要掌握色彩的三大特性。

1.色相

色相是有彩色的最显著特征。所谓色相是较确切地表示某种颜色色别的名称，如玫瑰红、橘黄、柠檬黄、钴黄、翠绿等。从光学角度来说，各种色相是由射入人眼的光线的光谱成分决定的，光波波长的长短不同则呈现出不同的色相差异，我们的眼睛可接受的光波波长范围为380～780纳米（nm）。紫色光波长最短，红色光波长最长。短波长的紫外线会使皮肤变黑，长波长的红外线能产生热能（图2-2）。

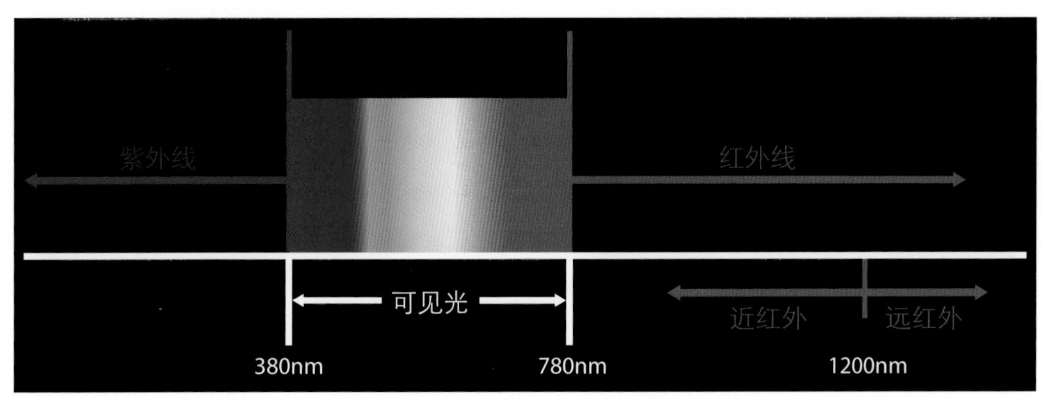

图2-2　人眼可见光范围

可接受光的波长不同，形成了基本的色相：红、橙、黄、绿、青、蓝、紫。对于单色光来说，色相的面貌完全取决于该光线的波长；对于混合色光来说，色相的面貌则取决于各种波长光线的相对量。

2.纯度

色彩的纯度是指色彩的纯净度、鲜艳度，也称为饱和度或彩度，它表示颜色中所含有色成分的比例或者说色彩中含有黑、白或灰的多少。色彩中以红、橙、黄、绿、青、蓝、紫等基本色相的纯度最高。

有色成分的比例越大，则色彩的纯度愈高，色彩越纯越艳；有色成分的比例越小，则色彩的纯度也愈低，颜色也越暗。当一种颜色掺入黑色、白色或其他彩色时，纯度就产生变化。当掺入的颜色达到很大的比例时，原来的颜色将失去本来的光彩，而变成掺和的颜色（图2-3）。

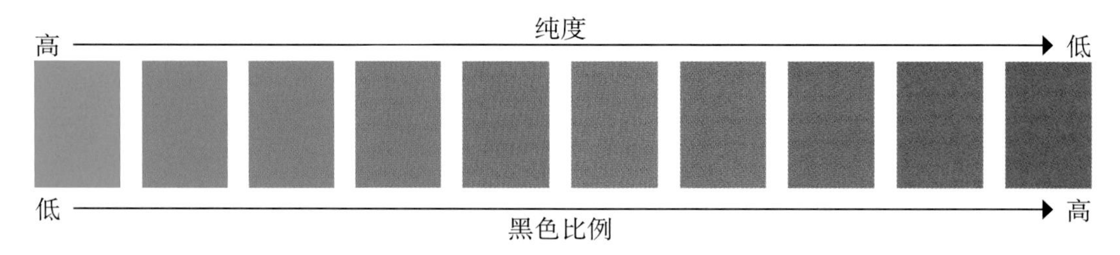

图2-3　同一色相的纯度变化

高纯度（鲜艳）的色彩显得华美，低纯度（不鲜艳）的色彩显得质朴。由高纯度色彩组成的颜色叫高调，由中纯度色彩组成的颜色叫中调，由低纯度色彩组成的颜色叫灰调。高调艳丽，中调优雅，灰调柔和、安静。

3.明度

色彩的明度是指色彩的明暗程度。明暗是各种有色物体由于它们的反射光量的区别而产生颜色的强弱不同。

色彩的明度变化有三方面，一是同一颜色的明度，因光的强弱而产生不同的明度变化，强光下，明；弱光下，暗。二是各种颜色的不同明度，同样的纯度，黄色明度最高，蓝色明度最低，红、绿色明度居中。三是同一种颜色中白色或黑色的量不同（图2-4）。

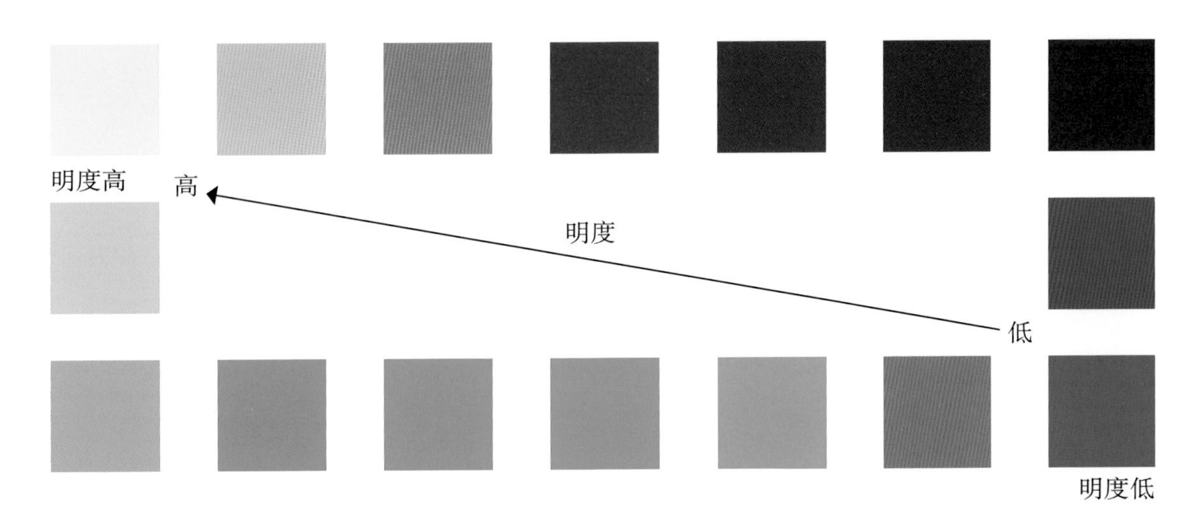

图2-4 不同颜色明度变化

比如，红色加入黑色以后明度降低了，同时纯度也降低了；如果红色加白色，明度提高了，纯度则降低了。色彩的明度变化往往会影响到纯度。

红色加黄色，明度提高了，红色加紫色，明度降低了。在明度和纯度发生变化的同时，色相也相应地发生了变化（图2-5）。

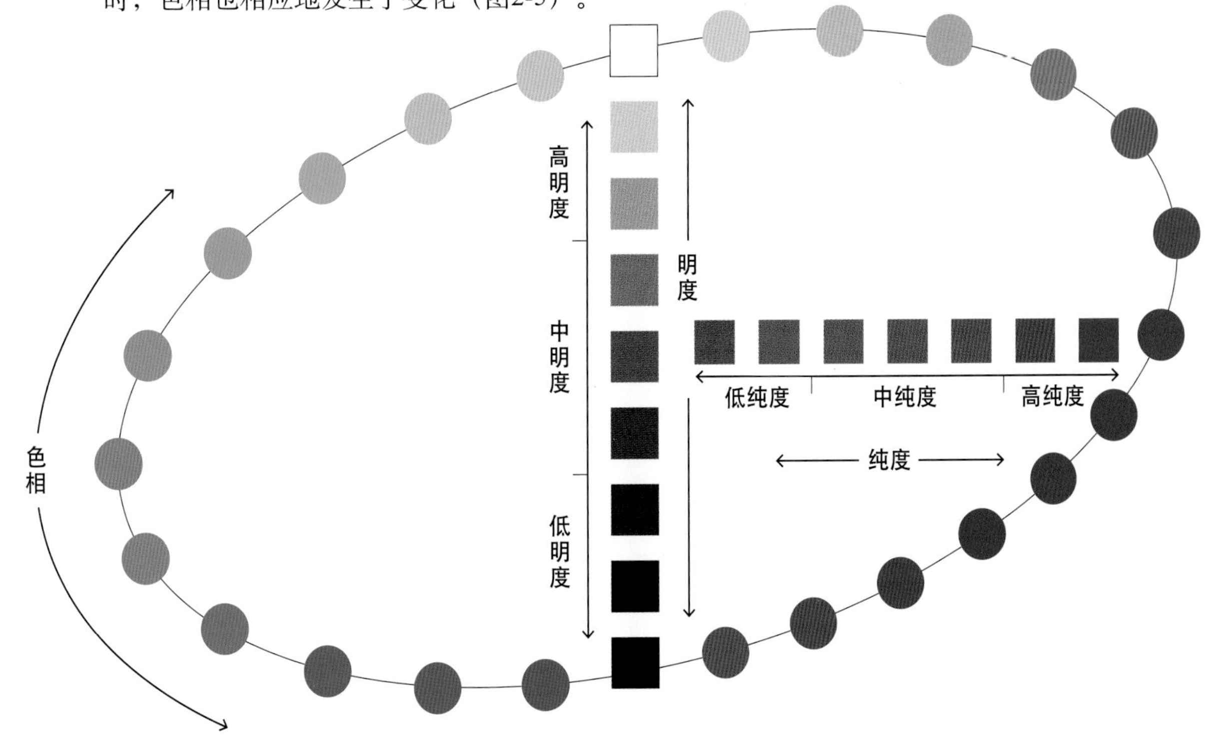

图2-5 色彩三要素及色立体原理

二、无彩色系

无彩色系是指白色、黑色以及由白色和黑色形成的各种深浅不同的灰色。无彩色按照一定的变化规律，可以排成一个系列，由白色渐变到浅灰、中灰、深灰到黑色，又称为黑白系列。黑白系列中由白到黑的变化，可以用一条直轴表示，一端为白，一端为黑，中间有各种过渡的灰。无彩色系的颜色只有一种基本的性质——明度，不具备色相和纯度的性质。无色彩的明度可用黑白度来表示，愈接近白色，明度愈高，愈接近黑色，明度愈低（图2-6）。

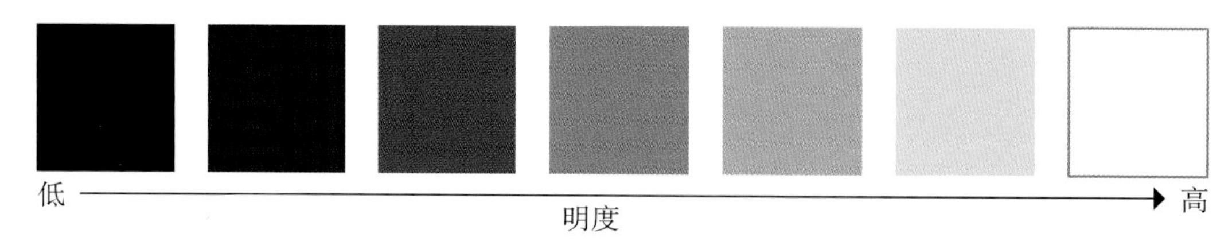

图2-6　无彩色系

三、色调与色相环

1.色调

色调是画面色彩或空间的总的倾向，是大的色彩效果。如金色的阳光、轻纱薄雾、淡蓝色的月光（图2-7）。

图2-7　蓝色色调

2.色相环

色相环是以红、黄、蓝三原色为基础（图2-8），将不同色相的红、橙、黄、绿、青、蓝、紫按一定顺序排列成环状的色彩模式，它可以帮助我们更好地认识和使用色彩。

色相环的种类不一，有的由红、橙、黄、绿、青、紫六种光谱顺序循环，称为六色环，有的在六种光谱色的基础上，再将每单色与其临近的单色相混合，产生红橙、黄橙、黄绿、青绿、青紫、红紫六种颜色，与六色环组成十二色相环（图2-9），再进一步取中间色，得到二十四色相环（图2-10）。

红、黄、蓝三原色是色相环中所有颜色的“父母”。三原色在色相环中的位置平均分布。在色相环中，除三原色外，其余颜色都是由三原色混合而成。

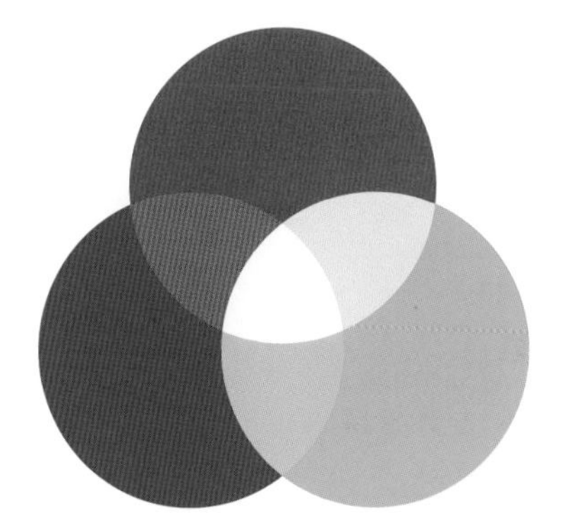

色光三原色与加法混色

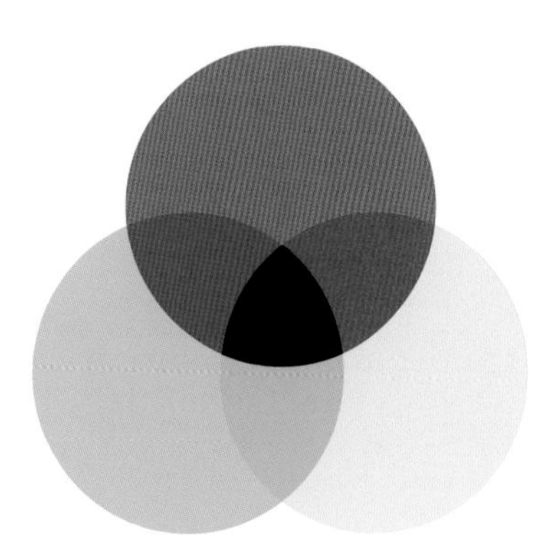

色料三原色与减法混色

图2-8　三原色环

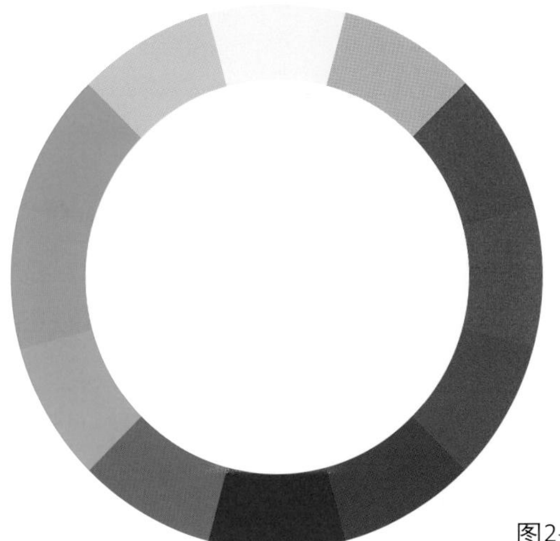

图2-9　十二色相环

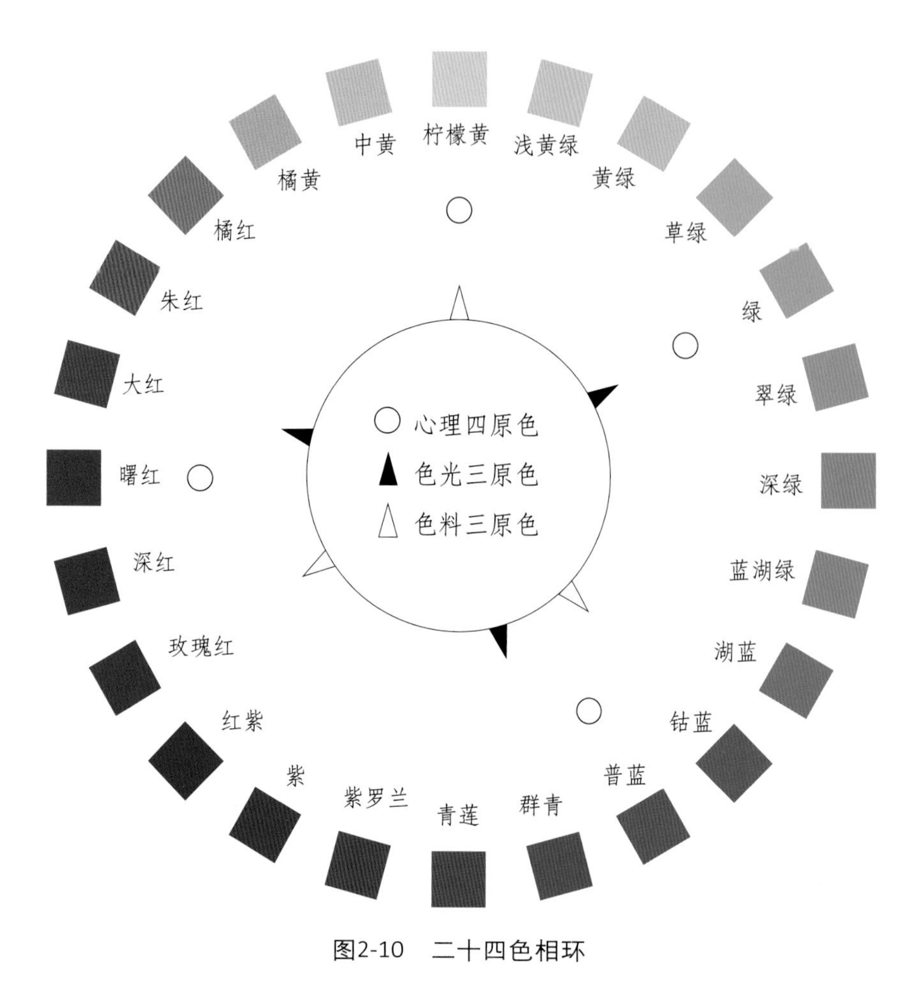

图2-10　二十四色相环

色彩研究者运用不同的标识方法标注颜色名，以日本的配色体系为例，二十四色相环上颜色名称如下表：

序号	色相名称	略称	中国惯用颜色名称	色相
1	带紫的红	pR	深红	
2	红	R	曙红	
3	带黄的红	yR	大红	
4	带红的橙	rO	朱红	
5	橙	O	橘红	
6	带黄的橙	yO	橘黄	

（续）

序号	色相名称	略称	中国惯用颜色名称	色相
7	带红的黄	rY	中黄	
8	黄	Y	柠檬黄	
9	带绿的黄	gY	浅黄绿	
10	黄绿	YG	黄绿	
11	带黄的绿	yG	草绿	
12	绿	G	绿	
13	带蓝的绿	bG	翠绿	
14	蓝绿	BG	深绿	
15	蓝绿	BG	蓝湖绿	
16	带绿的蓝	gB	湖蓝	
17	蓝	B	钴蓝	
18	蓝	p	普蓝	
19	带紫的蓝	pB	群青	
20	蓝紫	V	青莲	
21	紫	bP	紫罗兰	
22	紫	P	紫	
23	红紫	rP	红紫	
24	红紫	Rp	玫瑰红	

第二节 色彩的联想与象征

我们在看到各种不同的色彩时，会产生不同的情感与联想。色彩能引起我们生理上的某种反应，如悦目、刺激，或愉悦、抑制等心理效应。

一、红色

在自然界中，芳香艳丽的鲜花、丰硕甜美的果实常呈现出动人的红色。琳琅满目的茶产品中，红茶的汤色和部分黑茶的汤色也呈鲜艳明亮的红色。红色给人留下艳丽、青春、饱满、成熟等印象，让人产生强烈的、热情的、积极的、喜悦的情感。因此，不少人在喜庆、欢乐、胜利时，用红色装饰，红色历来是我国传统的喜庆色彩。另外，红色也常常伴随着流血、事故、战争等，因而，红色也让人产生危险、紧张等联想。总之，红色是一种具有强烈、较复杂的心理作用的色彩（图2-11）。

图2-11 红色代表喜庆

以黄色桌旗点缀，茶席轻快、活泼

金黄色的麦穗带给人丰收的联想

图2-12

二、黄色

黄色的光感最强，因而黄色给我们留下明亮、辉煌、开朗、希望、愉快、轻快、活泼等印象。

白茶、黄茶、绿茶、乌龙茶的汤色有浅黄、黄绿、清黄、橙黄、金黄等，满披金毫的红茶干茶色泽为黄色。在茶园中，不少茶树新萌发的嫩芽是嫩黄色的，有些黄变的茶树品种，光照充足的部分是透明的黄色。

不少的鲜花和美果都呈现鲜嫩的黄色；金黄色的麦浪和稻谷，给人以甜美、丰收的感觉；含白色的淡黄色感觉平和、温柔；含大量淡灰的米色或白色则是很好的休闲自然色；明黄色另有一种高贵、庄严感，曾为帝王专用。在东方的宗教中，土黄色则是信仰、神圣、虔诚的象征，如佛教的建筑、服饰等常用土黄色（图2-12）。

三、橙色

橙色是介于红、黄色相之间，兼有此两色特性的色彩。在自然界中，近似于橙色的果实很多，如菠萝、柿子、南瓜、玉米、橙、橘、柚等。发酵偏重的乌龙茶如东方美人的汤色有橙黄、橙红等。橙色又是霞光、灯光、鲜花的色彩，因此，橙色具有明亮、兴奋、温暖、愉快、芳香、华丽、辉煌等印象感觉（图2-13）。另外，橙色又给人疑惑、神秘、渴望的感受。

图2-13

四、棕色

橙黄、橙红加入黑色则变为深浅棕色，因为与咖啡的颜色相接近，有人称棕色为咖啡色，“棕色”是中国的传统名称。棕色属于中性暖色调，它朴素、庄重，是一种比较含蓄的颜色（图2-14），常被应用于茶席及茶空间。

棕色是大地母亲的颜色，广泛存在于自然界。土壤、山石、树皮、果实等，棕色给人以自然、简朴、可靠、健康、传统的感觉。

图2-14

五、绿色

在自然界，绿色所占的比例最大，成片的茶园，森林、草原、路边的小草等，绿色几乎随处可见。绿色是稳定色，可起到缓解疲劳的作用，给人以安静、温和、优美、抒情的感觉，象征着生命、青春、和平、安详、新鲜。六大茶类中，绿茶的干茶、汤色和叶底都带有绿色。

黄绿带给我们春天的气息，含灰的绿，如土绿、橄榄绿、咸菜绿、墨绿等色彩，给人以成熟、老练、深沉的感觉；蓝绿、深绿，有着深远、稳重、沉着、睿智等含义（图2-15）。

图2-15

图2-16

六、蓝色

蓝色与红色、橙色相反，为冷色。让人们联想到天空、海洋、湖泊等，给我们以崇高、深远、神秘、凉爽、无垠、寂静、理智等感受（图2-16）。浅蓝色系明朗而富有青春朝气，为年轻人所钟爱；深蓝色系沉着、稳重，藏青色则给人以大度、庄重的印象；靛蓝、普蓝在民间广泛应用，成了民族特色的象征之一。

图2-17

七、紫色

大自然“万紫千红”，紫色具有优雅、高贵、华丽、神秘的气质，有时也感孤寂、消极（图2-17）。较暗或含深灰的紫色，有不祥、腐朽的印象。我们可以在紫娟、紫嫣等茶园中看到成片紫色茶芽；在绿色的茶园中也可能发现零星的紫色茶芽。紫色是纯度最高、明度较低的颜色。在可见光中，紫色的光波短，眼睛对紫色的感知度最低。

八、黑色

黑色为无纯度无色相之色。六大茶类中，红茶干茶的色泽为乌黑、油润，所以，外国人称之为“black tea”。黑色往往给人以庄重、肃穆、内敛、含蓄的积极之感（图2-18）。另外，黑色也易给人以不祥、沉默、消亡等消极印象。但是黑色与鲜艳的纯色搭配，能取得赏心悦目的效果。黑色不能大面积使用，否则会产生压抑、阴沉的恐怖感。

图2-18

九、白色

白色在茶叶中常见，如绿茶和白茶干茶的茶毫常为白色，白牡丹的“青天白叶”等。白色给人洁净、光明、纯真、清白、雅致、明快、整洁的印象。在白色的衬托下，其他的色彩会显得更加鲜亮。白色在西方是纯洁、爱情的象征，常作为结婚礼服的用色（图2-19）。

图2-19

十、灰色

灰色为中性色，给人以平静、温和、谦虚、含蓄、柔和、朴素、大方等印象。灰色是理想的背景色，可用作茶席的背景或桌面的铺垫，不会明显影响其他色彩。任何色彩都可以与灰色相搭配（图2-20）。

图2-20　灰色调百搭

综上，白、灰、黑、红、橙、棕、黄、黄绿、绿、蓝、紫等不同的色彩使人产生联想，引起不同的情感；各种色彩具有不同的象征意义。了解、掌握这些特征，灵活运用色彩和色调，是茶席作品表达主题的重要方法之一。

色系	色彩的联想	色彩的象征
白	雪、白云、砂糖	洁白、纯真、正义
灰	石灰、混凝土、阴暗的天空	荒废、沉默、平凡
黑	夜、墨、炭	庄重、肃穆、内敛
红	红旗、血液、口红	热情、喜悦、危险
橙	太阳、橙子、红砖	甜美、温暖、欢喜
棕	巧克力、栗子、枯草	优雅、坚实、古朴
黄	月亮、雏鸡、柠檬	光明、活泼、稚嫩
黄绿	嫩叶、嫩草、春天	新鲜、希望、青春
绿	树叶、森林、草坪	和平、公平、深远
蓝	海、天空、水、宇宙	冷淡、平静、悠远
紫	葡萄、紫罗兰、茄子	高贵、优雅、华丽

第三节　色彩的心理效果

各种色彩都有它的特征，常常与其物体的形状发生关联，同时也和别的颜色相互作用，令观者产生心理上的种种感受。

一、色彩的冷暖感

由颜色对人心理所产生的影响，可以把颜色分为冷、暖两类色调。暖色系让人心情兴奋，冷色系能够让人心情平静。

红、橙、黄色的色相是暖色。当观察暖色时，心理上会出现兴奋与积极进取的情绪。最具热感的颜色是橙红、红与橙黄。春节、婚庆、结婚纪念日等茶席，可以用大量的红色、黄色来烘托喜庆的氛围，用温暖的黄色烛光来营造温情脉脉的氛围。

绿、青、蓝、蓝中带紫的色相是冷色，当观察到冷色时，心理上会产生压抑或消极退缩的情绪。冷色起到清凉、镇静的作用。夏天的茶席为了满足解暑的生理需求、情绪需要（清静的心理以及精神上需要平定、安宁的愿望），需要借助冷色来表达，如能增添动态的流水及水声，视听结合，更能增加一份清凉感。

蓝紫、紫色、红紫被称为中性色，没有特别极端的冷暖感。

二、色彩的轻重感

两瓶同样体积的葡萄酒，一瓶为红葡萄酒，一瓶为白葡萄酒，给我们的重量感觉是红葡萄酒重，白葡萄酒轻，这是因为物体的色彩不同，看上去有轻重不同的感觉，这种与实际重量不相符合的视觉效果，称之为色彩的轻重感。

图2-21　等大的白色瓷壶感觉轻，黑色瓷壶感觉重

生活中许多蓬松的物体，如天上的白云、棉花和泡沫，都是色浅而轻，而铁块、石块等色深的物体，则坚实沉重。色彩的轻重感主要取决于明度，高明度色具有轻感，低明度色

具有重感，白色为最轻，黑色为最重（图2-21）。凡是加白提高明度的，色彩感变轻；凡是加黑降低明度的，色彩感变重。

色彩的轻重感还与色彩表面的质地有关，色彩表面光匀的物体显得轻，而色彩表面毛糙的物体则显得重。

在创作茶席时，色彩的轻重感是必须要考虑的问题，要保持茶席平衡，除了器物的摆放平衡以外，还要考虑由色彩效果产生的轻重平衡，否则会产生不平衡感、不稳定感（图2-22）。

图2-22　茶席左边的炉子和水壶与右边的插花构成平衡

三、色彩的软硬感

色彩的软硬感与色彩的轻重感有非常直接的关联。铁既重又硬，木材就相对轻且软了，棉花与雪片则轻如鸿毛，也是最柔软的。色彩的软硬感主要取决于色彩的明度和纯度，高明度色、低纯度色、暖色可使人感觉柔软，低明度色、高纯度色、冷色则使人感觉坚硬。

茶席色彩软硬感的选择，与茶席要表达的意象有关，表达坚强的、阳刚的主题，可以选择低明度、高纯度色，表达舒适、温柔的主题，可以选择高明度、低纯度色。

四、色彩的兴奋感和沉静感

纯度高的暖色（红、黄、橙）给人以兴奋感，使人心跳加速，肾上腺素等分泌增加，以红、橙颜色最为令人兴奋；明度、纯度低的冷色（蓝、蓝绿），给人以沉静感，蓝色最为沉静。介于这两者之间的色彩为中性色，不属兴奋的颜色，也属不沉静的颜色，如绿、紫等色。

五、色彩的朴素感与华丽感

高明度、高纯度的暖色（红、黄等），给人以华丽的感觉；低明度、低纯度的冷色（黑、紫等），给人以朴素的感觉。另外，华丽与质朴感还与质地有关，丝绸、锦缎，金、银、铜和大理石等光滑、发光的物体，有华丽感；粗质的棉、麻、钢、铁、沙石、陶器等有质朴感（图2-23）。

图2-23　朴素感茶席

茶席作品用色大多由两个以上的色彩搭配而成，朴素感与华丽感可以通过色彩的搭配和质地的选择实现（图2-24）。

图2-24 质朴感和华丽感茶席

六、色彩的空间感

色彩的空间感觉依附于某种空间形式，即色彩的空间感不能独立存在，它与空间形式是不可分割的，因此，空间感觉与空间形式也是相互影响、相互依存的。

1.色彩的膨胀感与收缩感

同样面积的黑、白两个色块，人们会觉得白色块的面积要大一些；同样面积的红、蓝两个色块，人们会觉得红色块的面积要大一些。这就是色彩膨胀和收缩感，是颜色使人产生的错觉。

大体来说，亮色、暖色具有扩散性，看起来比实际的面积大些，称为“膨胀色”；冷色、暗色（蓝、绿、黑）具有收敛性，看起来比实际面积小些，称为“收缩色”（图2-25）。

图2-25 膨胀色（左）与收缩色（右）

2.色彩的前进与后退感

在同一水平位置上的不同颜色，看上去有的感觉比较近，有的感觉就比较远。实验测定，暖色、亮色容易令人感觉近，而冷色、暗色容易令人感觉远。不同色调的颜色会引起人们对距离感觉上的差异。一般而言，暖色、亮色、纯色看上去生动突出，比较近，叫“前进色”；冷色、暗色、灰色看上去比较静止，有后退感，叫“后退色”（图2-26）。

据有关部门测定，色彩给人感觉前进感的次序为：橙、黄、白、红、黄绿、绿、蓝绿、紫、蓝紫、蓝、黑。创作茶席时，运用前进色、后退色造成的距离感错觉，可形成茶席上器物的错落感，获得有效的空间感与层次感。

图2-26　同一灰底色彩距离感排序

七、色彩与其他感觉的转移

人的感觉器官是相互联系、相互作用的整体，虽然客观对象的多种属性分别作用于不同的感觉器官，但是，人在感知对象的过程中，总是把对象作为一整体来认识。因此，色彩刺激所产生的视觉反应，必然会导致听觉、嗅觉、味觉等方面的连锁反应。这种现象在心理学上又称为“共感觉”“通感”或者“通觉”。

1.味觉与色彩

色彩能促进食欲。色彩的味觉联想因人、物、地域、民族的不同而不同，但就一般规律而言，色彩的味觉联想如下：黄、白、浅红等令人联想到甘甜味；绿、黄绿、蓝绿等令人联想到酸味；黑、蓝紫、褐、灰色等令人联想到苦味；红、暗黄等令人联想到辣味；青、蓝、浅灰等令人联想到咸味；白色令人感觉清淡，黑色令人感觉浓咸。明亮色系和暖色系容易引起人的食欲，其中橙色令人最有食欲（图2-27）。

颜色	味觉联想
黄、白、浅红	甘甜味
绿、黄绿、蓝绿	酸味
黑、蓝紫、褐、灰色	苦味
红、暗黄	辣味
青、蓝、浅灰	咸味
白色	清淡
黑色	浓咸
明亮色系和暖色系	引起食欲

图2-27　味觉与色彩

2.嗅觉与色彩

色彩与嗅觉的关系大致与味觉相同，也是由生活经验联想而得。我们在生活中会体验到茶叶、瓜果、蔬菜、花卉等各种芳香味，会由花色联想到花香，由花香联想到花色。

3.听觉与色彩

一般来说，色彩听觉所表现的声音与色彩的关系是：高音产生明亮、艳丽的色彩联想，低音会产生灰暗、沉稳的色彩联想。

音乐旋律与色彩联想的关系如下：

音乐旋律	色彩联想
欢快	明度的高纯度黄橙色系列
神秘	黑暗的蓝色系列
柔和	粉红、粉绿、粉蓝组合的粉色系列
兴奋	鲜红色系列
舒畅	黄绿系列
阴郁	灰紫、灰蓝组合的灰色系列
强有力	纯正的全色系列
庄重	暗调的褪色、蓝紫及暗绿色系列

色彩视觉能引起味觉、嗅觉、听觉的共通感或共感的心理现象，若应用在茶席与茶空间的设计中，品茗者的味觉、嗅觉、听觉会得到强化。所以，经常有茶友说，同样的茶，在某个茶空间里喝到的感觉与自己泡来喝的感觉不一样，这也许是心理学上的共通感产生的结果。

4.时间与色彩

在相等的时间段，有时会感觉过得慢，有时感觉过得较快，是什么原因？环境颜色无疑是其中原因之一。色彩学研究表明，具有“快速感觉”的色相是红、橙、黄绿、黄色等。所以快餐店的老板为了加速翻台率，接待更多的顾客，常常会选用上述颜色装饰店铺。而茶室、咖啡馆常常选用蓝色、蓝绿、绿色装饰，因为这些颜色速度感较低。色调也很重要，高明度色调在感觉时间过得较快，低明度色调几乎都会感觉时间过得缓慢。

总之，色彩激发受众的情感与情绪，能使信息内涵的传达得到强化和转移。色彩作为文化的载体，所承载的文化内涵与一个国家、民族的历史以及传统息息相关。因此，茶席色彩的选择与搭配无疑是茶席创作中最重要的部分，色彩传达创作者的情感与情绪，同时色彩又在茶席艺术与审美方面起着举足轻重的作用。

第四节 茶席的色彩搭配

茶席的色彩，是表达茶席意象的主要方式。高贵、朴素、传统、平和、复古、自然、细腻、平静、田园、稚嫩、成熟及季节等茶席意象均可通过色彩的搭配表达出来。

一、传达意象的配色

所谓意象，是客观物象经过创作主体独特的情感活动而创造出来的一种艺术形象。茶席意象是经过创作者独特的与茶相关联的情感活动而创作出来的一种艺术形象。

色彩的搭配是传达茶席意象的方法之一。色彩的合理选择与搭配，能表达高贵、朴素、传统、平和、复古、自然、细腻、平静、田园、稚嫩、成熟等意象及春、夏、秋、冬等季节意象。

1.传达高贵意象的配色

高贵意象的茶席，如反映宫廷生活的茶席，通常以紫红、红、橘色系为基调，其中紫色显得尤为神秘而高贵。紫色加入少量的白色显得优美动人，紫色搭配金黄色显得贵气夺目，紫色搭配黑色则呈现出神秘莫测的氛围。大面积暗色调搭配少量鲜明色调的配色，能表现物体高级、华丽的质感（图2-28）。

图2-28 高级、华丽的质感

2.传达朴素意象的配色

朴素意象的茶席，以淡弱的褐色、含蓄的黄绿色系搭配冷灰色为基调。纯度很低、色调微弱，流露出一种澹泊的美感。微妙的浅灰色配以黄灰色和驼色，素净的颜色显得质朴低调，带给人可靠的安全感，但也容易带来忧伤的感觉。蓝灰色细腻谦逊，没有耀眼的光华，这种平淡很具亲和力，让人能轻松地置身其中（图2-29）。

图2-29　朴素意象

3.传达平和意象的配色

平和意象的茶席，色调以淡弱为主，在色相上并没有过多的倾向。使用高明度、低纯度的冷色调配色为主，清凉感、清爽感较强，体现安静、沉静、爽快的感觉和平静之美（图2-30）。使用高明度、低纯度的暖色调配色，能使人感到淡淡的温暖与雅致、慰藉感，整体给人稳定、安心的印象。

图2-30　平静之美

4.传达复古意象的配色

复古意象的茶席，以稍暗的暖色调为主，明度和纯度都应较低，其中以褐色最具代表性。褐色与橙黄色搭配，流露出沉着而含蓄的美感，给人温暖的感觉，容易产生怀旧之情，呈现高古之美（图2-31）；褐色搭配深绿色则体现寂寥而闭锁的感受，仿佛在提醒我们再也回不到过去的时光。纯度过低的色彩会呈现单调、保守的感觉。

图2-31　复古意象

5.传达自然意象的配色

自然意象的茶席，由绿色、黄色、棕色、褐色等色彩构成，对比较弱，给人舒适、宁静、平和的印象（图2-32）。这种配色意象是对自然界中各种动、植物色彩的再现，具有很强的包容感。绿色搭配棕色、褐色、体现质朴的感觉；绿色搭配蓝色，会呈现清爽、宁静之感；绿色搭配黄色，最能体现天然、田园的感觉。

图2-32　自然意象

6.传达传统意象的配色

传统意象的茶席，以稍暗的暖色调为主，明度和纯度都比较低，多使用明度较低的褐色、黑色、棕红色等颜色搭配（图2-33）。棕红色与土黄色搭配体现古典而华贵的美感；棕红色与黑色搭配显得稳重而谨慎；褐色与钝色调的绿色、黄色、青色、蓝色等搭配，形成具有东方独特文化底蕴和内涵的色彩。

图2-33　传统意象

7.传达幻想意象的配色

幻想意象的茶席，给人神秘、虚无缥缈的感觉，犹如梦境一样朦胧而不现实。色相以中性冷色为主，色调为明亮、淡弱，明暗对比较微弱，呈现不可触碰的美感。淡粉色与紫色搭配呈现甜美的梦境（图2-34）；紫色系配色体现神秘、虚幻的意象，仿佛弥漫着一股幽幽的香气；紫色与蓝色、绿色的搭配则展现出遥不可及的幽深意境。

图2-34　幻想意象

8.传达古拙意象的配色

古拙意象的茶席，常使用手工制作的陶器、麻布、麻绳或自然的枯木、青苔等。这些没有过多修饰和人工雕琢的物品给人以粗犷、毫不造作之感，显得十分大气。能体现古拙意象的配色以土黄色、冷棕色和褐色系为主，搭配少量暖绿色，明度适中，纯度较低，色相对比弱。搭配褐色显得沉稳，搭配暖绿色体现出自然的感觉（图2-35）。

图2-35 古拙意象

9.传达田园意象的配色

田园意象的茶席，以棕色、绿色、黄色为主，明度适中、纯度较低、明暗对比较弱，色调为弱、钝。褐色使人联想到土壤，给人一种田园的印象；褐色搭配绿色和土黄色，反映了大地、森林、原野等自然界的色彩；褐色添加棕色，使人联想到成熟的果实和收获的景象，更显得沉稳和亲切；而绿色搭配红色、黄色等暖色，能让人感到仿佛置身原野的花海之中（图2-36）。

图2-36 田园意象

10.传达平静意象的配色

平静意象的茶席，体现舒缓、安宁、平和的感觉，使人联想到森林的色彩。传达平静意象的色相以中性的绿色为主，明度适中，纯度适中，色调以淡弱调、钝调为主（图2-37）。绿色搭配少量的蓝色或青色，增加了静谧、镇定感；绿色加黄色呈现平和、舒适的印象；绿色搭配明亮的棕色或褐色，可以破除绿色的寂静、闭锁感，使整体更加舒适大方。

图2-37　平静意象

11.传达稚嫩意象的配色

稚嫩意象的茶席，常常运用于少儿茶席，给人天真无邪、可爱的感觉。色相以明亮的粉色和黄色为基调，明度较高，明暗对比适中，色调以明亮、淡弱为主（图2-38）。

通常，粉红色搭配淡黄色能呈现婴儿般娇嫩的感觉；粉红色搭配柔和的绿色可以体现孩子气；粉红色与淡紫色搭配能呈现娇柔纯真的印象；淡黄色系可以体现出阳光轻洒的感觉，传达幸福与温暖；淡黄色搭配淡绿色展现活泼、新鲜的印象。

图2-38　稚嫩意象

12.传达四季意象的配色

① 春天

春天意象的茶席，是创作者常选的主题。春天万物复苏，万象更新，是温暖、和煦的季节，自然界光线十分柔和，整个世界呈现出一派高明度、高纯度的淡雅色调。春季特有的嫩芽、鲜花等的颜色都显得格外温柔、新鲜，因此，最适合使用多彩又柔和的色调搭配，给人温暖而又充满新生力的感受（图2-39）。

图2-39　春的意象

② 夏天

夏天意象的茶席，在色彩的选择和搭配上，往往会出现“反季节”的情况。骄阳似火的夏天是日光照射最强的季节，自然界中的生命体也处于最旺盛的时期。夏季色相以红色、橙色、黄色等暖色系色彩为主，而且是高纯度、高明度的强烈色调，形成活力、跳跃、开放的印象，同时也给人以炽热感，燥热感，不安静感。所以，传达夏天意象的茶席，多选用蓝色、绿色、白色等能够体现夏季清凉一面的色调，冷暖色搭配，形成强烈的对比，生动地展示出夏天的活力与激情。通过色相差别，形成较为明显的反差效果，让人在有清凉感的空间内品饮一杯清凉的茶汤，平静内心的躁动（图2-40）。

图2-40　夏的意象

③ 秋天

秋天，气温开始下降，大自然鲜艳的色彩开始变得萧瑟，茶席的色相以棕色、红色、橙色、黄色等暖色为基调，明度、纯度适中，明暗对比适中，色彩过渡平稳。初秋时可以使用少量鲜艳的色彩；深秋时鲜艳色彩的使用继续减少，同时需搭配棕色、浅褐色等低纯度中性色，体现枯淡之感，整体色调深沉稳重，给人温暖而惬意的感觉。秋天的茶席常用银杏叶、柿子、板栗、枫叶等作点缀（图2-41）。

图2-41　秋的意象

④ 冬天

冬季，阳光变得惨淡，大自然几乎失去了色彩，植物生长变得缓慢，花叶凋零，只剩下树枝在寒冷的空气中遥曳，色彩枯淡、单调。大自然的色相以蓝色、灰色等冷色系列色彩为基调，加入白色、黑、灰等无彩色，明度较高，纯度较低，营造万籁俱静的冷寂氛围。冬天的茶席以大自然的色调为基调，给人以寂静之美，同时，又给人以寒冷的感觉（图2-42）。以冬季为题材的茶席，若点缀金色、红色、黄色等热闹、吉祥的色彩，让人感受到冷与寂中的暖意。

图2-42　冬的意象

13.传达中国民族风意象的配色

中式民族风的茶席，首先使人想到红色，这种对于中国人来说无比特殊的颜色，象征着永恒、光明、生机、温暖和希望。中国红散发着灿烂辉煌的秦汉气息，沿袭着含蓄内敛的魏晋脉络，延续着盛世气派的唐宋遗风，流淌着独领风骚的元明清神韵。此外，瓷器的青色和白色，皇室尊贵的紫色和黄色，以及中国画的水墨灰色，无不体现了中式民族风配色的丰富多样。

少数民族的茶席，则以该民族的文化、风俗、习惯、审美等为依据，选择合适的器物和色彩构成。各民族的茶席风格迥异，非常多元（图2-43）。

图2-43　民族风意象

二、茶席的色彩搭配方法

（一）茶席色相配色法

茶席色相配色法是以色相环为基础进行色相搭配，分为类似色相配色和对比色相配色。

1.类似色相配色

用色相环上类似的颜色进行配色，可以得到稳定而统一的感觉。如：黄色、橙黄色、橙色的组合；群青色、青紫色、紫罗兰色的组合。类似色相配色的特点是整体感强，但有点单调。

2.对比色相配色

用色相环距离远的颜色进行配色，可以达到一定的对比效果，视觉反差强烈。使用对比色时，注意色块面积比例，需有主有次。如色块面积均等，则缺乏艺术感。

（二）茶席色彩搭配技巧

茶席色彩搭配有一定规律，如：一般情况下，茶席色彩的组合不超过3种色相，除无彩色外； 黑、白、银、灰是无彩色，能与所有颜色相配；茶席需有主色调，要么暖色调，要么冷色调，不要平均分配各种颜色，这样更容易产生美感。

此外，茶席色彩搭配还应遵循一些基本原则。

1.色彩搭配平衡与和谐原则

① 平衡原则

色彩搭配的均衡原则为：左右、上下、前后平衡，让人视觉上、心理上有平衡、安全感。

② 和谐原则

• 运用对比色搭配时，二十四色环上某一色与对面的9种颜色搭配，这样最容易得到较和谐的对比效果。

• 在色环中按等间隔选择3、4组颜色也能调和茶席色彩。

• 在色相环上，相邻的色彩排列在一起比较和谐。

• 对比色可单独使用，而近似色则应搭配使用。

• 暖色与黑色相和，冷色与白色相和，因此，暖色调茶席以灰色或黑色为铺垫，冷色调茶席常以白色为铺垫。

• 有明度差的色彩更容易调和，一般3级以上明纯度差的对比色都能调和，配色时拉开明度是关键。一般来说，茶席的铺垫明度最低。

• 本来不和谐的两种颜色搭配黑色或白色会变得和谐。

• 与白色相配时，应仔细观察白色是偏向哪种色相，如偏蓝，作淡蓝考虑；如偏黄则作淡黄考虑。

• “强调配色”又称为点缀配色。强调配色是用较小面积、强烈而醒目的色彩调整单调的画面，或画龙点睛。强调配色的原则为：鲜艳的、明亮的色彩面积大小应适度，与整体和谐。面积过大，会影响整体效果；面积过小，则起不到点缀的效果。

2.色彩搭配的层次原则

配色的层次分为平面层次、立体层次两种。配色的层次感原则为：

① 平面层次

应注意暖色、亮色、纯色等前进色，与冷色、暗色等后退色搭配所产生的层次感；

② 立体层次

立体层次应注意色块因位置、质地的差别所产生的层次感。

第三章 茶席的席面与作业空间

茶席艺术区别于其他艺术的特点，是具有泡茶实用功能。在茶席上进行泡茶作业是人们的劳动形式之一，泡茶作业的目的是泡出一杯好喝的茶汤。本章重点介绍人体工程学的人体的坐姿和站姿尺寸及功能尺寸；人体抓握距离，动作的经济原则、作业空间等。根据人体工程学而设定茶席的坐姿、站姿、跪姿的席面与座椅的尺寸、作业空间大小等，以期实现泡茶人的效能、健康、安全和舒适等的最优化。

第一节 人体工程学基础知识

人体工程学是一门新兴、边缘的学科，主要应用于操作工具、操作台、操作环境和人们居住设备、设施的设计，为保障人类劳动和生活的舒适、健康提供科学依据。了解掌握人体工程学基础知识，为创作茶席提供科学指导。

一、人体工程学的含义

不同国家对人体工程学定义不尽相同。

日本人体工程学家认为，人体工程学是根据人体解剖学、生理学和心理学等特性，了解并掌握人的作业能力和极限，让机具、工作环境、起居等条件和人体相适应的学科。

苏联人体工程学家则认为，人体工程学是研究人在生产过程中的可能性、劳动生活方式、劳动的组织安排，从而提高人的工作效率，同时创造舒适和安全的劳动环境，保障劳动人民的健康，使人从生理上和心理上得到全面发展的一门学科。

《中国企业管理百科全书》则将人体工程学定义为：人体工程学研究人和机器、环境相互作用及合理结合，使设计的机器和环境系统适合人的生理、心理等特征，达到在生产中提高效率，安全、健康和舒适的目的。

人体工程学虽然发展的时间不长，但随着以人为本的设计思想的深入，人体工程学为工业设计中解决人的效能、健康、安全和舒适问题提供了理论知识和设计依据。

茶席创作与工业设计一样，必须研究人的生理、心理以及行为特点，以使设计的茶席更好地与人的形体尺寸、生理结构、身心特点相匹配。

人们进行泡茶作业时，主要有几种身体姿势：坐式、站式、跪式、盘腿式。因此，下文重点介绍与上述作业体姿相关的人体工程学知识。

二、人体尺寸标准

先了解一下中国成年人的人体尺寸。人体尺寸测量数据统计，在正常情况下呈正态分布，即中间大，两头小，左右对称像“钟”形的情况。

1.人体立姿尺寸

根据《中国成年人人体尺寸》（GB/T 10000—1988）国家标准（以下简称“标准”），数值测量自18～60岁的男性，18～55岁的女性（下同）。眼高、肩高、肘高、手功能高、会阴高、胫骨点高等立姿主要尺寸见下表。

中国成年人立姿人体尺寸/毫米

性别及年龄	男（18～60岁）			女（18～55岁）		
百分位数	5	50	95	5	50	95
眼高	1474	1568	1664	1371	1454	1541
肩高	1281	1367	1455	1195	1271	1350
肘高	954	1024	1096	899	960	1023
手功能高	680	741	801	860	704	757
会阴高	728	790	856	673	732	792
胫骨点高	409	444	481	377	410	444

表中第二行“5”，“50”，“95”为百分位。人体测量的数据通常以百分位数来表示人体尺寸等级。第5百分位数代表“小身材”，即只有5%的人群的数值低于此下限值；第50百分位数代表“适中”身材，即分别有50%的人群的数值低于或高于此值；第95百分位数代表“大”身材，即只有5%的人群的数值高于此上限值。下同。

2.人体坐姿尺寸

坐高、坐姿颈椎点高、坐姿眼高、坐姿肩高、坐姿肘高、坐姿大腿厚、坐姿膝高、小腿加足高、坐深、臀膝距、坐姿下肢长等“标准”中坐姿人体尺寸见下表。

中国成年人坐姿人体尺寸/毫米

百分位数	男（18～60岁）			女（18～55岁）		
	5	50	95	5	50	95
坐高	858	908	958	809	855	901
坐姿颈椎点高	615	657	701	579	617	657
坐姿眼高	749	798	847	695	739	783
坐姿肩高	557	598	641	518	556	594
坐姿肘高	228	263	298	215	251	284
坐姿大腿厚	112	130	151	113	130	151
坐姿膝高	456	493	532	424	458	493
小腿加足高	383	413	448	342	382	405
坐深	421	457	494	401	433	469
臀膝距	515	554	595	495	529	570
坐姿下肢长	921	992	1063	851	912	975

3.人体水平尺寸

“标准”中提供的胸宽、胸厚、肩宽、最大肩宽、臀宽、坐姿臀宽、坐姿两肘间宽、胸围、腰围、臀围共十项人体水平尺寸见下表。

中国成年人水平尺寸/毫米

百分位数	男（18～60岁）			女（18～55岁）		
	5	50	95	5	50	95
胸宽	253	280	315	233	260	299
胸厚	186	212	245	170	199	239
肩宽	344	475	404	320	351	377
最大肩宽	398	431	469	363	397	438
臀宽	282	306	334	290	317	346
坐姿臀宽	295	321	355	310	344	382
坐姿两肘间宽	371	422	489	348	404	378
胸围	791	867	970	745	825	949
腰围	650	735	895	659	772	950
臀围	805	875	970	824	900	10000

4.人体上肢尺寸

GB/T 13547—1992标准提供了我国成年人的立、坐、跪等姿态尺寸数据，如下表。

中国成年人立、坐、跪尺寸/毫米

百分位数		男（18～60岁）			女（18～55岁）		
		5	50	95	5	50	95
立姿	双手上举高	1971	2108	2245	1845	1968	2089
	双手功能上举高	1869	2003	2138	1741	1860	1976
	双手左右平展高	1579	1601	1802	1457	1559	1659
	双臂功能平展高	1374	1483	1593	1248	1344	1438
	双肘平展高	816	875	936	756	811	869
坐姿	前臂手前伸长	416	447	478	383	413	442
	前臂手功能前伸长	310	343	376	277	306	333
	上肢前伸长	777	834	892	712	764	818
	上肢功能前伸长	673	730	789	607	657	707
	双手上举高	1249	1339	1426	1173	1251	1328
跪姿	体长	592	626	661	553	587	624
	体高	1190	1260	1330	1137	1196	1258

三、直臂抓握距离

直臂抓握是指手臂外展伸直时，握住的手的活动半径。设计直臂抓握作业区时，应以身材小的人为依据，以满足大多数人的尺寸要求。

以肩关节为圆心的直臂抓握弧的半径，是指肩关节到手的距离：男性为65厘米，女性为58厘米。因此，茶席面上水平抓握的区域，较大的半径为55～65 厘米。较小区域即席面作业区域，半径为34～45 厘米，这是手与肘关节的距离。

较小区域半径作业区域，是手臂活动路线最短、最舒适的区域。这两个区域都是按身材较小（百分位数5%）的人体尺寸确定的。

四、动作经济原则

动作经济原则是剔除人的动作中不合理、无用的部分，设法寻求省时、省力、安全的操作动作。

动作经济原则包括三个内容：

第一，有关人的肢体动作本身潜力的运用与节省。

第二，关于物料、工具布设应考虑使人的动作省力。

第三，有关工具设备应考虑人的操作方便与省力。

有效地利用肢体的意义为：

第一，节约动作。即简化动作，缩短动作距离，减少动作数量。

第二，使动作符合人体的本能和习惯。动作设计要连续、有节奏，符合人的本能和固有的习惯。四肢的动作要有助于保持重心和稳定。

第三，避免静态施力。

动作经济原则同样适用于茶席的布设，对改进泡茶动作具有重要指导意义，以剔除不合理或无用动作。根据动作经济学原则，设计茶席时应注意：

第一，席面高度与宽度考虑泡茶者操作方便与省力。

第二，席面主要器具布设舒适的作业区域半径为34～45厘米，其余器具布设在抓握区域内，半径为55～65厘米。

第三，左、右各边放置左手、右手取用方便的器物，避免交叉。

第四，减去无用的器与物。

五、作业空间

作业空间是指人从事各种作业所需要的足够的操作活动空间。以动作尺寸为主，再加上人、用具、家具、设备、建筑构件等直接相关的生活活动尺寸，即“人体尺寸以及动作尺寸”+“物体的功能尺寸”+“最小富裕量”＝作业空间（动作空间）。

泡茶作业中，常采用的姿势有坐姿、站势、跪姿和盘腿坐姿等，各种姿势作业空间尺寸有所不同。

第二节　人体工程学在茶席创作中的应用

泡茶作业分为四类：坐姿作业、跪姿作业、盘坐姿作业和站姿作业，其中以坐姿作业居多；跪姿与盘坐姿作业居中；站姿作业较少，大多在展览展示活动中使用。

茶席是泡茶的作业区域，依据人体工程学设计的泡茶作业区域更符合泡茶者和品茗者的生理和心理需求，从而达到舒适性、安全性等基本要求。

一、坐姿席面和作业空间

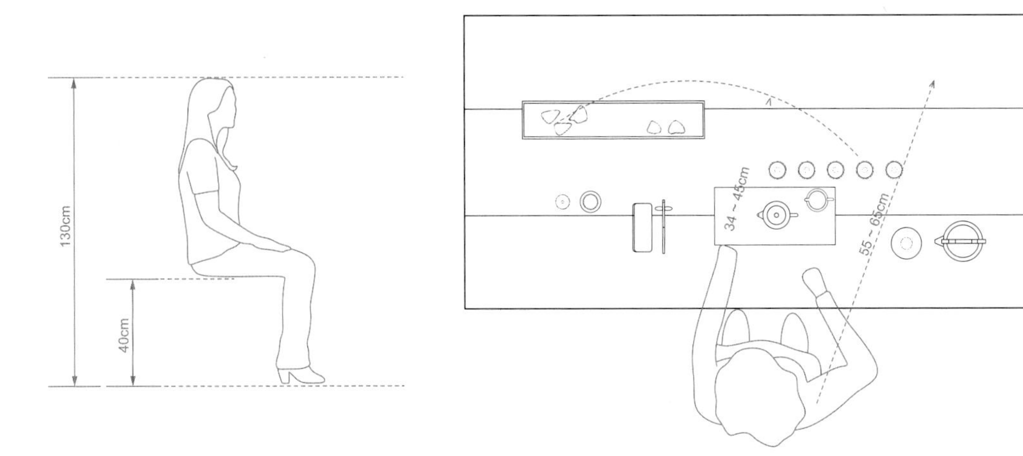

图3-1　坐姿席面和作业空间

1.坐姿席面

茶席的席面，是泡茶作业的工作面，茶席席面设计的主要要求是：尺寸适宜、造型美观、方便实用、操作舒适。

作业面的高度与作业姿势有关。坐姿作业时，席面高度需与座椅高度尺寸相配合。席面高度一般在肘高（坐姿）以下5～10 厘米为比较合适。如果还要放置茶具等器物，台面降低到肘下10～15厘米为宜（图3-1）。

坐姿席面尺寸/厘米

席面工作台尺寸	高度		宽度	长度
	65~75		>55	>85
椅子尺寸	坐高	椅面高	椅面宽度	长度
	130	40	55	>55

坐姿作业，若人的头顶到地面的高度为130厘米，则较适合的席面高度为65～75厘米，椅面高度为40厘米。实际测量座椅的高度应比小腿长度少2～3厘米，使小腿略高于座面，让下肢重力落于前脚掌上，同时，也利于双腿的移动。40～45厘米的座高参数，较为适合我国人体的尺度。

2.作业空间

坐姿泡茶作业的空间设计通常是在茶席面上进行，其作业范围随席面高度，手偏离中线的距离及举手高度的不同而发生变化。桌面水平抓握的区域，较大的半径为55～65厘米，这是肩到手的距离。舒适的坐姿泡茶空间范围一般介于手与肘关节的空间范围，半径为34～45厘米，此时，手臂活动路线最短、最舒适，在此范围内可迅速准确地操作。

二、站姿席面和作业空间

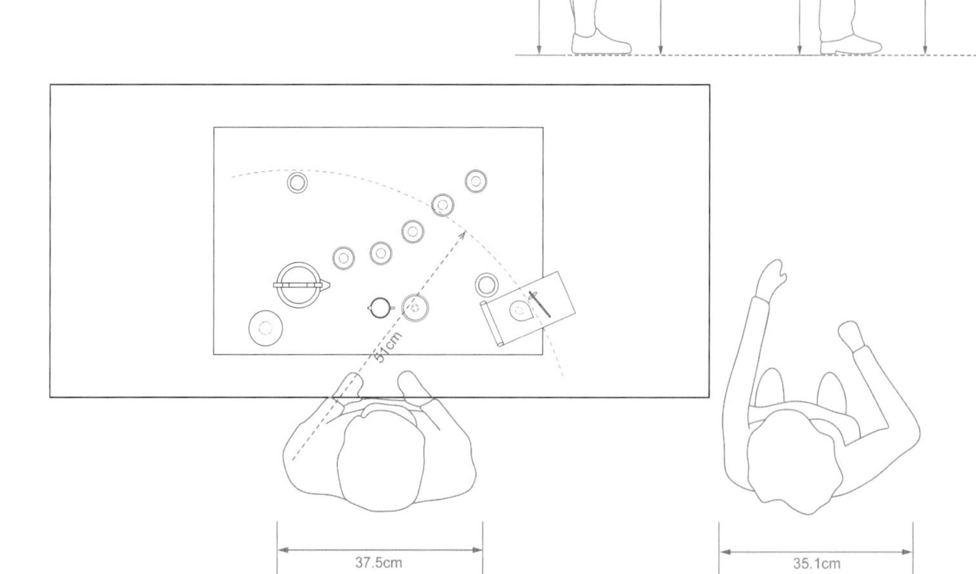

图3-2　站姿席面和作业空间

1.站姿席面

一般站姿作业时，身体向前或向后倾斜以不超过15°角为宜，工作台面一般为操作者身高的60%左右。同样，以低于肘高5～10厘米比较合适，如果还要放置茶具等器物，台面要降低10～15厘米。站姿，男性平均肘高105厘米，女性平均肘高98厘米，男性最佳作业面的高度为95～100厘米，女性最佳作业面的高度为88～93厘米（图3-2）。

2.作业空间

站姿作业一般允许作业者自由移动身体，但其作业空间仍需要受到一定的限制。如双手作业的话，最大操作弧半径一般不超过51厘米。单手作业的话，最大操作弧半径一般不超过54厘米。

三、跪姿席面和作业空间

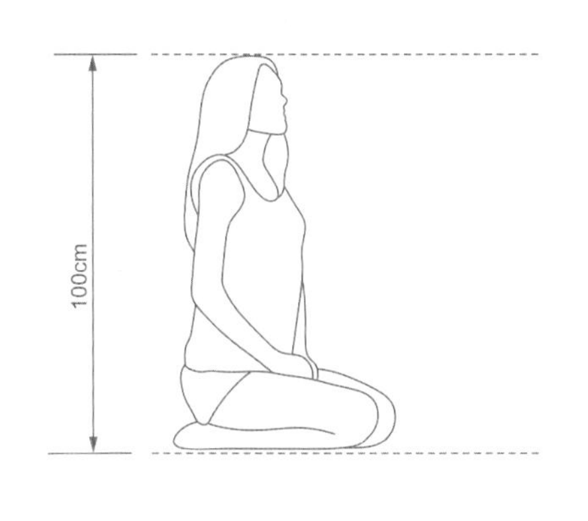

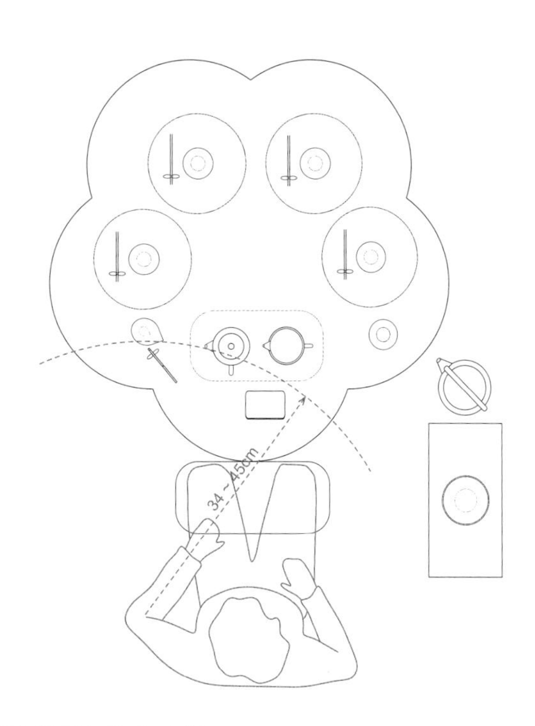

图3-3　跪姿席面和作业空间

1.跪姿席面

跪姿作业，人的头顶到地面的高度为100厘米的话，席面高度为30厘米，长度>70厘米，宽度>55厘米（图3-3）。

2.作业空间

舒适的跪姿泡茶空间范围一般介于手与肘关节的空间范围，半径为34～45 厘米，此时，手臂活动路线最短，最舒适，在此范围内可迅速准确地操作。

四、盘坐姿席面和作业空间

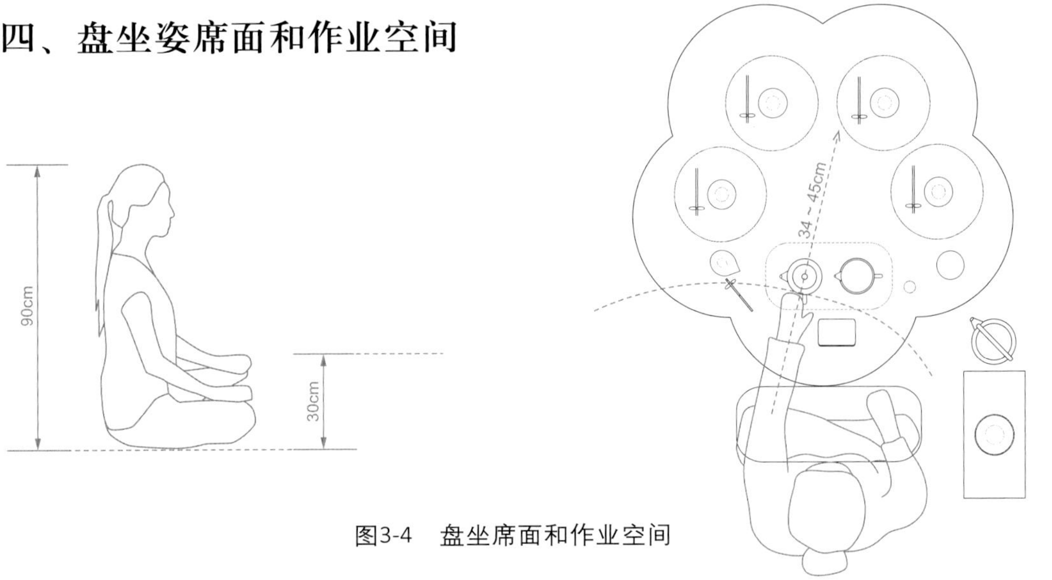

图3-4 盘坐席面和作业空间

1.盘坐姿席面

盘坐作业，人的头顶到地面的高度为90厘米的话，席面高度为30厘米，长度>70厘米，宽度>70厘米（图3-4）。

2.作业空间

舒适的盘坐姿泡茶空间范围一般介于手与肘的空间范围，半径为34～45 厘米，此时，手臂活动路线最短、最舒适，在此范围内可迅速准确地操作。

五、跪坐姿席面和作业空间

跪坐于地上泡茶，大部分中国人不习惯，但是有时在野外条件有限，我们也可以偶尔为之。

跪坐作业，以高度>100厘米的人体容纳的空间为基准，席面长度>80厘米，宽度>50厘米，茶席作业尽量规划小一点，以利于操作方便和舒适。

第四章 茶席的创作

茶席的创作涉及许多学科与领域，如：构图艺术、色彩学、美学、茶学、光学、人体工程学、茶文化、茶具等。创作者获得创作灵感后，灵活运用以上学科知识，以思想引导创作并完成作品。茶席创作的基本要求，一是舒适；二是呈现茶道之美；三是寄予思想与情感；四是蕴含茶道精神；五是传承与创新结合。本章从创作灵感与选题入手，重点阐述茶席的主要形式及布设的主次、取舍、疏密、动静结合等规律，为茶席创作者提供思路、方法与技巧。

第一节　创作的灵感与主题

茶席创作的步骤大致分为：一，获取灵感；二，选择主题和题材；三，选择与搭配茶、主器具、辅助用具；四，茶席布设；五，命名和文本撰写。

创作灵感，有时来自“头脑风暴”，但更多的来自日常的思考和感悟，创作者需有一定的艺术修养、文学素养，知识面广，阅历丰富，有一定的积累和沉淀。当然，阅读、欣赏、模仿和“师法自然”也是获得灵感的有效途径。茶席作品的创作过程是快乐的，有时也是苦恼的，需要从众多的思路中遴选，不断尝试，不断否定，不断超越，是不断自我完善的过程。

一、艺术修养

艺术修养是创作者的基本素养之一。艺术修养涵括进步的世界观和审美理想、深厚的文化素养、丰富的生活积累、超常的艺术思维活动能力、精湛的艺术技巧和表现才能。茶席的创作与其他艺术创作一样，创作者必须具备一定的艺术修养。人的艺术修养需要不断地学习、实践，再学习、再实践，是在生活和学习中长期积累，逐渐形成的。

二、灵感的获得

灵感是创作的源泉。灵感的获得，是茶席创作成功与否的重要环节。

1.从大自然中获取灵感

“外师造化，中得心源”，这是唐代一位画家提出的艺术创作的理论。“造化”即“大自然”，“心源”即创作者内心的感悟。“外师造化，中得心源”即艺术创作来源于师法自然，而得于创作者内心的情思和构设。“外师造化”明确了大自然是艺术的根源，带有朴素唯物主义色彩。艺术创作在自然和自我之间求得一种和谐与平衡才能不为物累，从“物为我用”到“物我两忘”，重视主体的抒情与表现，是主体与客体、再现与表现的高度统一。

大自然无穷无尽、千变万化，给创作者提供取之不尽的创作灵感。

2.从古代诗词中获取灵感

①从《诗经》中获得灵感

《诗经》是中国古代最早一部诗歌总集，收集了西周至春秋的诗歌共三百多篇，分为《风》《雅》《颂》三部分。《风》是周代各地的歌谣；《雅》是周代的正声雅乐，分《大雅》和《小雅》；《颂》是献给对周王朝有贡献的有德者的乐歌。《风》是《诗经》中的精华部分，有对爱情、劳动等美好事物的吟唱，也有怀故土、思征人的哀叹！《风》中有诸多优美的诗句："关关雎鸠，在河之洲。窈窕淑女，君子好逑……""青青子衿，悠悠我心……""蒹葭苍苍，白露为霜。所为伊人，在水一方……""昔我往矣，杨柳依依。今我来思，雨雪霏霏……"它们分别出自《诗经》中《关雎》《子衿》《蒹葭》《采薇》等诗篇，韵律优美，传达出美妙的意境和情感。《诗经》中诗篇的题材和意境，无疑是茶席创作的灵感来源。一位恩施选手的茶席作品《在水一方》，即是灵感源自《蒹葭》的成功之作！实景与背景遥相呼应，意境优美，略带忧伤，准确传神（图4-1）。

图4-1　在水一方

② 从经典唐诗、宋词中寻找灵感

《全唐诗》收录了二千二百多位诗人的五万多首诗。《全宋词》收录了一千三百多位词家的近二万首词作。唐诗、宋词是中华民族最珍贵的文化遗产，是中华文化宝库中的明珠。精读唐诗宋词，可涵养自身的情操，提升审美情趣，同时也是获得灵感的有效途径。与唐代诗人李白的《月下独酌》同名的茶席作品《月下独酌》，是一个成功的探索之作！李白酌酒，作者酌茶。中秋佳节倍思亲，现代社会中，许多人在外打拼，无法与家人团聚，借一盏茶寄托思念之情。“一几，一壶，一茶，一月，一人，孤寂而不孤独。但愿人长久，千里共婵娟！”（图4-2）。

图4-2 月下独酌

③ 从茶诗词中获取灵感

据粗略统计，自晋代迄今，历代茶诗有一万三千余首，历史上的著名诗人，如李白、杜甫、白居易、韩愈、柳宗元、苏东坡、欧阳修、王安石、陆游、杨万里等均写作茶诗词。茶诗词是古人留给当今世人的一笔巨大精神财富，也是茶席创作的灵感源泉。唐代杜耒的《寒夜》：“寒夜客来茶当酒，竹炉汤沸火初红，寻常一样窗前月，才有梅花便不同。”这首诗以寒夜、月、茶、客、竹炉初红、汤沸、梅花为素材，构成了一个画面，也直接成就了一个知音相聚，以茶当酒，茶烟缭绕，情境交融的茶席作品，何等美妙！唐代杜甫的《重过何氏五首之三》：“落日平台上，春风啜茗时。石栏斜点笔，桐叶坐题诗。翡翠鸣衣桁，蜻蜓立钓丝……”同样，落日、桐叶、翡翠鸟、蜻蜓、钓丝、衣桁、春风等都可以成为茶席的素材，烘托春天慵懒的午后落日下，啜茗休闲的美好时光。又如宋代王安石的《晚春》：“春残叶密花枝少，睡起茶多酒盏疏。斜倚屏风搔首坐，满簪华发一床书。”一幅文人品茶读书的画面，便展现在眼前，而诗中花枝、屏风、华发、茶盏、书……亦成为王安石晚春品茶茶席的主要装点，诗中有画，画可成席。苏轼的《汲江煎茶》、白居易的《琴茶》《尝茶》，孟浩然的《清明即事》等茶诗，均为茶席创作提供无数灵感！

3.从经典茶书、小说等文学作品中获取灵感

细读明代黄龙德《茶说》：“若明窗净儿，花喷柳舒，饮于春也。凉亭水阁，松风萝月，饮于夏也。金风玉露，蕉畔桐阴，饮于秋也。暖阁红垆，梅开雪积，饮于冬也。”似有春、夏、秋、冬四个茶席映入眼帘。再读黄龙德《茶说》中：“僧房道院，饮何清也。山林泉石，饮何幽也。焚香鼓琴，饮何雅也。试水斗茗，饮何雄也。”清、幽、雅、雄，四个茶席宛若天成！重温《红楼梦》第四十九回，宝玉“出了院门，四顾一望，并无二色，远远的是青松翠竹，自己却如装在玻璃盒内一般。于是走至山坡之下，顺着山脚刚转过去，已闻得一股寒香拂鼻。回头一看，恰是妙玉门前栊翠庵中有十数株红梅如胭脂一般，映着雪色，分外显得精神，好不有趣！宝玉便立住，细细的赏玩一回方走”。试想在一片茫茫的雪白世界里红梅点点，一个如玉一样温润的人，置一红炉烹茶，三五好友，围炉品茶。红炉点雪，茶烟氤氲，此乃何等意境！其冷寂、冷艳、脱俗之美，只应天上才有！

4.从中国画中寻找灵感

中国画具有悠久历史和优秀的中华民族文化传统，凝聚着中华民族的智慧、审美、心理、性格、气质、神韵等。中国画与茶文化一样，同为中华民族传统文化的重要组成部分。中国画以儒家的“以人为本”为道德内涵，以追求真善美为道德使命，以道家的“天人合一”及释家的“梵我合一”之“天地与我并生，而万物与我为一”的思想观念，用毛笔、墨、彩作画于绢或纸上，创造出“气韵生动”“以形写神”“形神兼备”的作品，在世界画苑独具一格。中国画在大自然与人之间，以“缘物寄情”“情景交

融”的思维模式，将人的情思注入至自然而达到“物我为一”“天人合一”的境界，这种将哲学、美学融为一体的创作的思路，也正是茶席作品的创作思路。

优秀的茶席是一幅立体的中国画、可移动的中国画，也是“可实用”的中国画。古画《寒江独钓》是宋代马远的作品，画面由漂浮于水面的一叶扁舟和一个在船上独坐垂钓的渔翁构成，老翁身体略前倾，全神贯注，四周几乎全是空白，表现出烟波浩渺的江水和“独”的空间感，留给欣赏者无限的想象空间。《寒江独钓》体现的正是唐代诗人柳宗元那首绝句《江雪》所描述的情境——“千山鸟飞绝，万径人踪灭。孤舟蓑笠翁，独钓寒江雪。”广西选手的茶席作品《守望》，虽然主题并非与画一致，但意境的借鉴与营造，无疑也是一种成功的探索（图4-3）。

图4-3 《江雪》（左）、守望（右）

三、主题与题材

茶席创作主题与题材应遵循以下原则：

① 以中华茶道思想为指导。如精行俭德，仁、义、礼、智、信，敢于担当，追求真善美、乐生等守正进取的儒家思想；茶禅一味，无住生心，慈悲为怀，普济众生等普世的释家思想；天人合一，返璞归真，物我两忘，自我反省，内在觉悟，道法自然等修身养性的道家思想等。

② 作品具原创性。创意、创新、创造是文化自身发展的内在动力。茶席作品原创性源于创作者丰富的人生阅历、深厚的文化功底、科学与艺术素养及创造能力。读万卷书，行万里路，才能“下笔”如有神。

③ 立意高远或深远。茶席创作应避免肤浅铺陈，追求高远的立意与高视角、宽广深远的立意。

④ 以小见大，选题小，挖掘深。如挖掘传统节日、二十四节气、传统经典故事等传统文化题材；选取反映当代积极、正能量的事件、人物和反映时代精神的现代题材等。

第二节　茶席的形式

由茶、具等器物组成的茶席三维空间是一幅立体的画，从不同的角度可构成不同的画面。欣赏者从泡茶者的正对面、远距离、平视欣赏这幅画，也可以近距离、俯视欣赏这幅画，同一个茶席，平视与俯视构成的画面不同。

一、构图

构图是平面造型艺术的专用名词。它是指在特定的有限平面范围内——即画面内，将个别的、局部的艺术形象有机地组合起来，使其形成符合艺术规律的组织结构，从而创造出一幅完整的艺术作品。这种按艺术规律组织画面结构，并且使其形成形式美的方法，就是构图。

二、茶席构图——茶席的结构总纲

茶席布设与绘画构图有异曲同工之妙，绘画构图用的是点、线，茶席构图用的是茶、器与物。

任何美的事物，都体现了形式与内容的统一，以及目的性与规律性的统一，茶席也不例外。茶席是用来泡茶的，这是茶席的内容，而茶席的形式规律是指泡茶的各种形式因素及其组合的规律。这种外在的、具有极强形式感的组合规律所体现出的秩序化，不仅在感觉领域揭示了美的本质和规律，使泡茶内容与形式水乳交融、合二为一，而且可以脱离具体内容，具有独立于物象之外的审美价值，从而构成了茶席形式美。

长期的创作实践总结出许多成熟、规则的茶席结构样式，初步形成具有普遍性、规律性的茶席基本形式。美的茶席艺术表现程式主要有水平式、对角线式、三角形式、S形律动式、圆形式、梯形式、十字形式等。用几何线、形、文字等抽象概念来归纳席面的基本布局，简洁明了地确立茶席的大致框架，有利于更好地布设席面中各种器物的关系和运行趋向，这是席面内在结构和气脉，是一个茶席的结构总纲。

1.水平式

水平式是茶席布设最常用的一种结构形式，器具安排在水平直线上，席面走势可以由左及右，也可以由右及左，能给人平稳、端正、开阔、宽广的感觉，如书法的正楷。由于重复在水平线上安排茶器与物，容易造成席面形式单调、古板。茶席布设时要注意疏密、大小、主次的变化（图4-4）。

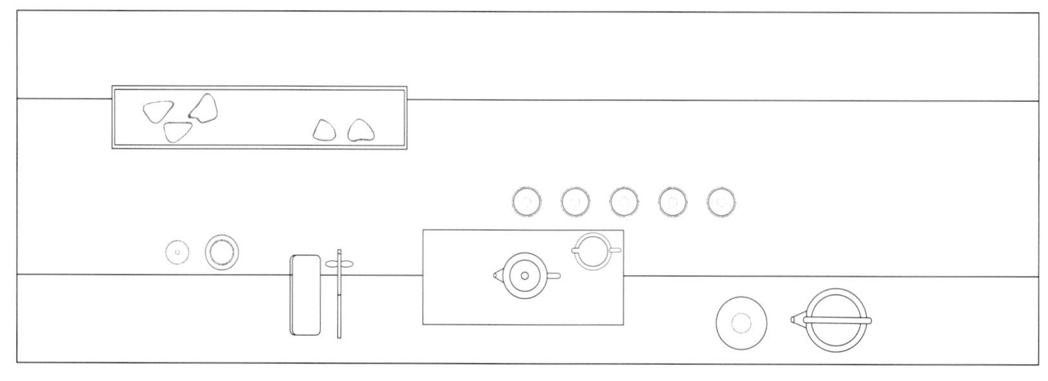

图4-4 水平式茶席

2.对角线式

对角线式茶席也称倾斜线式茶席，器物的安排主要在一条斜线上展开，倾斜角度小于45°。倾斜线让席面充满变化和动感，是较为活泼的一种布设形式。对角线式茶席又分为向右对角线（左下右上）和向左对角线（左上右下）两种类型（图4-5）。

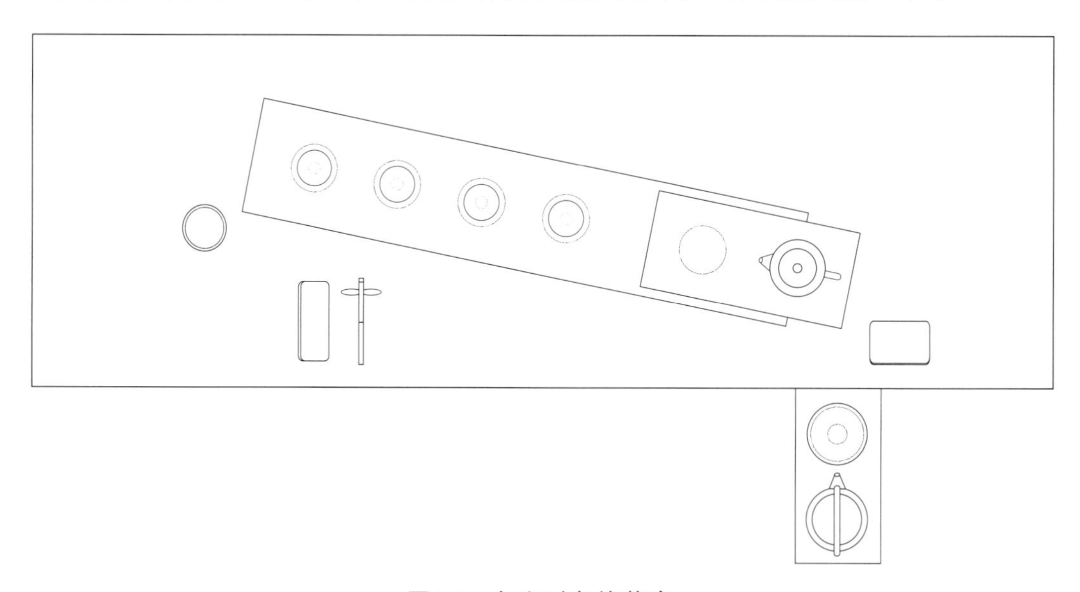

图4-5 向左对角线茶席

3．“S”形式

“S”形式茶席，是一种器物布设在曲线上的茶席形式，具有优美流畅、柔和圆润、动感强烈的特点。它能有效营造空间、扩大景深，使席面变化丰富，也是茶席布设常见的形式。“S”形式使静态的茶席艺术地呈现动感，它的依据是中国道家的太极图。在视觉心理上，“S”形给欣赏者一种柔和迂回、婉转起伏、柔中有刚、流畅优雅的节奏感与韵律美感。它所蕴含的多样统一的形式美规律，远非其他形式可以比拟（图4-6）。

图4-6　“S”形式茶席

4.梯形式

梯形式茶席，是指茶席上下对边平行，而左右对边不平行的四边形布局的一种布席形式。梯形式茶席平稳中带有灵动感（图4-7）。

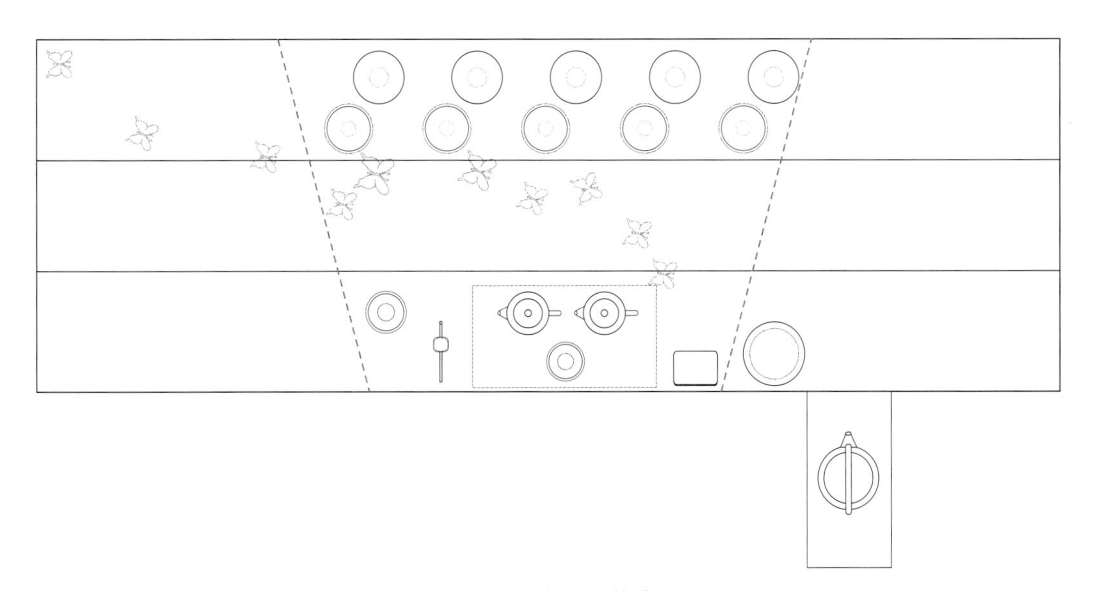

图4-7　梯形式茶席

5.三角形式

三角形式茶席席面中的器物以三角形的基本结构进行布局，可以是正三角形，也可以是不规则的斜三角形，具有稳定、均衡且不失灵活的特点（图4-8）。

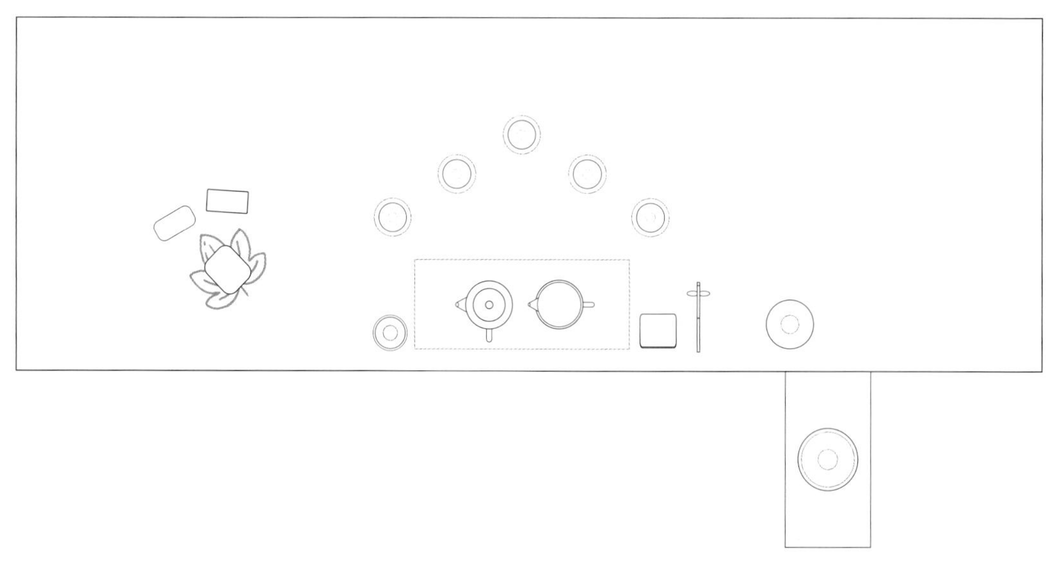

图4-8　三角形式茶席

6.十字线式

十字线式是一种比较稳定的茶席布局形式，席面平稳、庄重，具有健康、成熟、神秘、向上的感觉。横竖两线的交叉点不宜把席面上下、左右等分，应有所变化，否则会使席面呆板、机械（图4-9）。

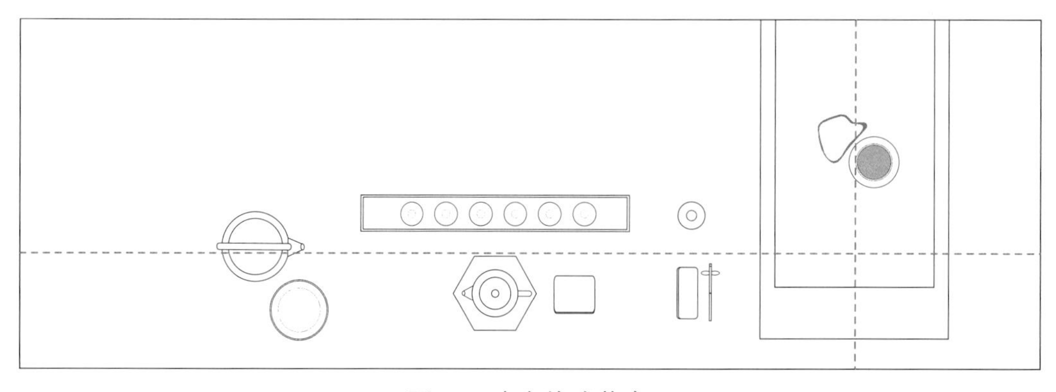

图4-9　十字线式茶席

7.圆形式

圆形式茶席是一种饱和、圆满、富态、旋转、运动且具有张力的茶席布设形式。圆形式席面主体器物的布局呈圆形结构，席面外缘可以是圆形，也可以是长方形或正方形（图4-10）。

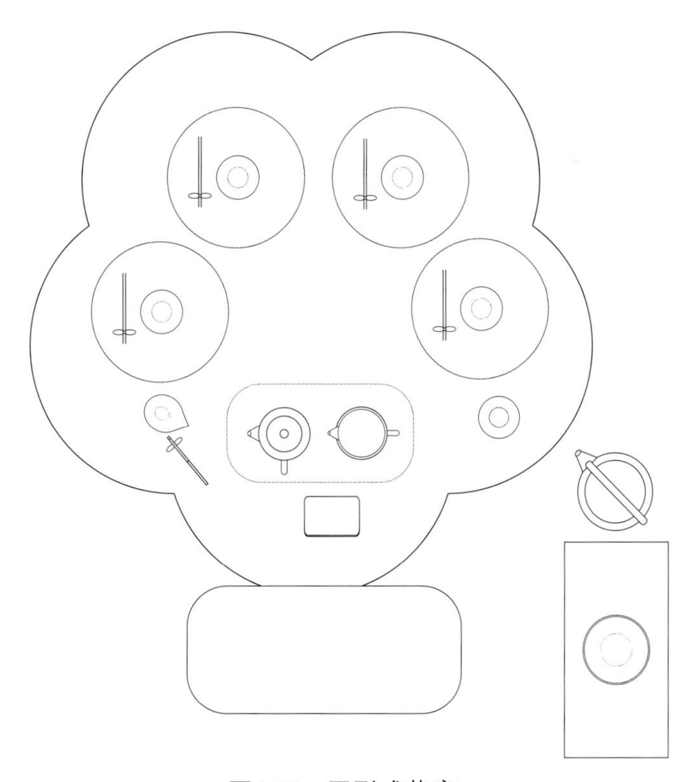

图4-10　圆形式茶席

在绘画的构图理论指导下，提炼出七种茶席的基本布设形式。我们可以以这七种形成为基础，变化创新，如在“三角形式”的基础上，变化为“半圆形式”；在“十字线式”的基础上，变化为“三七律式”等。还有更多茶席布设形式有待创造，关键是应遵循美的规律，呈现美的形式。

第三节　茶席的布设

当我们获取了灵感，并以此为基础确定主题，根据主题选配茶叶、器、具等，下一步我们将布设茶席。

茶席布设是茶席作品呈现茶道之美的关键步骤。

一、茶席布设的原则

1.席面中心——“席眼”

人们在欣赏茶席时，由于视觉生理与视觉心理的特点，欣赏次序通常由通观全席——即对席面的整体效果产生一个总体印象；然后通过视点的移动，读遍全席；最后着眼于席面上最具吸引力的主体部位，即视觉中心的部位。视觉中心的形成，是席面构成因素布设的结果，视觉中心即是席面的中心，在中国画中则称之为“画眼”，茶席中不妨称之为“席眼”。

2.井字四位法

席面的中心位置是形成视觉中心的关键部位，主茶具自然应置于席面中心，但若主茶具四平八稳地居于席面中心，则不仅使人兴味索然，且不符合艺术美的规律。因此，使用“井字四位法”是确定构图中心位置的最佳选择，这不仅是对视觉心理因素的巧妙运用，而且切中了构图的审美要领（图4-11）。

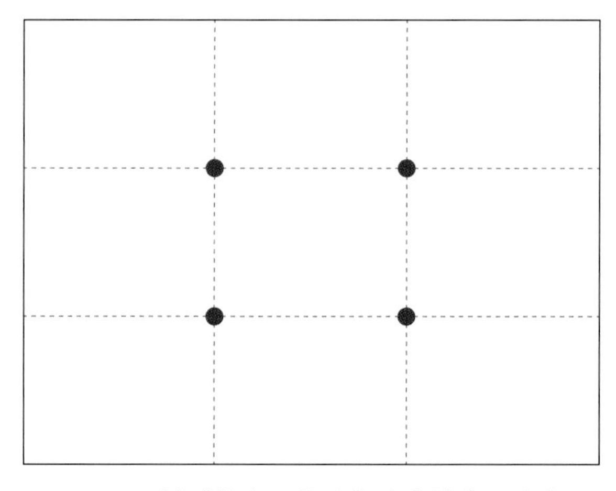

图4-11　以〝井字四位法〞确定的席面中心

"井字四位法"，亦称之为"三分法"。将席面按水平和垂直两个方向各分成三等份，"井"字上的四个纵横线交叉点，即是席面中心，亦是主要茶具布设位置的最佳选择。将主茶具放于四个交叉点的任何一个位置上，都可以得到重点突出的艺术效果。因为，这四个交叉点中的任何一个位置，都不仅没有脱离视觉中心的最佳范围，而且有了侧倚变化，使茶席布设产生了动势。

3.茶器具布设原则

器具布设应遵循舒适、安全、礼仪、习惯等方面的原则。

① 舒适

茶席首先满足泡茶者与品茗者舒适的要求，让人不舒服的茶席，"美"无从谈起。坐姿、站姿、跪姿等不同姿势的泡茶作业，茶席的高低、长宽各不相同（详见第三章）；主茶具布设在舒适的抓握半径内，一般距泡茶者不超过45厘米；次茶具放置于最大抓握半径内，一般距泡茶者不超过65厘米。

② 安全

泡茶作业时，用到的电热炉、热源、沸水均具有危险性，应放置在离品茗者最远处、泡茶者身旁的安全区域。

③ 礼仪

泡茶器物的放置应符合礼仪规则。壶嘴不对品茗者，以免热气伤人；水盂一般放于水壶的内侧，离品茗者视线最远处，因水盂用来盛装污水，古人说"污不示人"；茶巾分为受污与洁方，为方便使用，受污放于距泡茶者最近处，离品茗者最远处；茶席中有部分器物不具有欣赏价值，这些器物尽量放置在品茗者视线远端或不放在其视线范围内。

④ 习惯

水壶可放在主茶具右边，也可放在左边，根据泡茶者左右手执壶的习惯而定；茶席的朝向依品茗者的习惯而定，而不是遵从泡茶者的习惯等。器具布设的原则是尽量从让品茗者和泡茶者均舒适的角度来考虑。

二、茶席布设的方法

运用主次、取舍、疏密、动静、呼应、留白等方法布设茶席，形成水平式、十字形式、三角形式、S形律动式、梯形式、对角线式、圆形式、十字线式等茶席形式，即为茶席布设。

1.主次

主次分明，才能突出主体地位。席面所表达的主题内容有主宾之分，席面的构成也有主宾。因此，在布席时，不能平等对待所有的器物，更不能喧宾夺主。

① 泡茶器

茶席的主体茶具一般为泡茶器，或壶或碗或杯，布设于四个交叉点中靠近泡茶者的两个交叉点附近的位置上，以便于操作。

② 公道杯

公道杯放于另两个离泡茶者远的交叉点附近位置上，与主茶具成45°角，若是右手执泡茶器者，公道杯置于泡茶器右前方；若是左手执泡茶器者，公道杯置于左前方。

③ 品茗杯

品茗杯属于次主茶具，放于公道杯的外侧、手臂自然弯曲时能轻松握取品茗杯的位置，也是品茗者伸手可及处，杯柄（如有）朝向品茗者的右手。

2.取舍

确定了茶席主题之后，茶、器、铺垫、桌旗、插花等均可确定下来。日常泡茶时，为了便于收拾，常常把茶匙、茶则、茶漏、茶针、茶夹等放在一个茶匙筒内，有人称其为“茶道六君子”，但实际操作时，可能只取用其中一件或两件，不用的器物不需要放在席面上，否则画蛇添足，不方便操作，也影响美观。

贵重茶器或个人特别喜欢的器物不一定布置在席面上，茶器具的取、舍根据茶席主题的需要而定。

3.疏密

疏密是构图的一个重要手段，指席面上“集中”与“疏散”的有机结合。密是集中之处，疏则反之。有疏有密才能打破平、齐、均等造成的席面刻板、呆滞的不利因素，从而产生有节奏、有弹性的艺术效果。

“密不通风、疏可跑马”，清代邓石如非常形象地描述了画面中疏与密的关系。疏密得当并非一件简单的事，如五个品茗杯，如果均匀地放于一条线上，会产生呆板的感觉，如果三个、二个分组聚合，或四个、一个聚合，会产生疏密感；如果五个杯在一条“S”形线上排列，会产生动感。

4.动静

席面上进行泡茶作业时，就由静态变为动态，对器具的位置也要进行移动。这里的动静，是指茶席在静态的状态下，又有动的态势，称为动静结合。如布设器具时“S”形线排列，或在倾斜线上，就会出现动的态势。

5.呼应

席面中一切器物及色彩之间，都要相互关联，有呼有应，形成一个有机的整体。每一个因素都是相对独立的个体，只有它们互相关联，才能有效地组织席面，为主题思想服务。

茶席上器物呼应的方式很多，如器与器之间、器与物之间、器与花之间、器物的颜色之间等。如图4-12，桌旗的橙色与品茗杯口、灯光颜色呼应，插花的深绿色与桌布、茶巾颜色呼应，便使整个茶席成为一个有机的整体。

图4-12　器物与色彩的呼应

6.留白

席面上留出空白是茶席呈现美的重要方式。传统中国画大都会运用留白的手法，使得画面空灵妙趣，布席也同理，席面上器物并不是越多越好。

7.均衡

均衡是席面布设中非常重要的手段，也称平衡。均衡的原则是在多样中求统一，在统一中求变化。均衡并非依靠器物数量或质量上的绝对平均来达到一种平衡，而是根据器物的大小、质地、色泽等经搭配、协调等处理，使席面达到平衡，以求得庄重、严谨、平和、完美的艺术效果的一种处理方法。

8.立体

茶席艺术最基本的“三大构成”为平面构成、立体构成和色彩构成。茶席布设要考虑立体构成。

茶席是一个三维空间，正面、背面、侧面的平视以及俯视都是一幅二维的画面。创作者往往是俯视，欣赏者大都是平视。所以，在垂直这个维度上，可抬高主要器具的位置，突出主体地位，做到错落有致，增加立体感，强化欣赏者平视角度的美感效果。

第四节　茶席的命名与文本

给茶席作品起一个叫得响的名字，就是茶席命名。茶席文本说明茶席的创作思路和表达的思想与情感。文本能帮助观者加深对茶席的理解，这是茶席创作的最后一步。

一、命名

一个好的名称，能起到画龙点睛的作用，它是茶席的亮点与内容的高度概括，能精确传达、提炼出茶席的核心思想。如《归真》《五谷丰登》《感恩》《外婆的纺车》《在水一方》《长相守》《遇见》《等待》《知音》《徽州情思》《无尘》《秋思》《归》《我在山中等你来》等，无疑是较好的茶席名称。

二、文本

茶席艺术随着茶艺的发展而产生，作为独立艺术作品，出现的时间并不长，茶席创作仍处于逐渐成熟过程中，创作者撰写300～500字的文本，能更准确地表达茶席的内涵和意境。文本《徽州情思》（图4-13）和《我在山中等你来》（图4-14），可算文本中的佳作，作者用简短而朴实的文字，真实地表达了茶席作品的思想和情感（图4-15）。

徽州情思

白墙黑瓦，青石板路，洋溢着人间烟火的老屋，一切美得就像只是记忆。一把曼生老石瓢，沏上古老的安茶，抚触留下童年最甜美回忆的印模，细细品味古老徽州的静谧和安宁。一杯一杯，它以自己独有的厚重醇和，泰然地从古至今，在岁月中留香。我多希望，古老徽州生活中，那种“天人合一”的恬淡自在，不只在书上，在画里，它还在温暖的茶汤里，世代相传。

图4-13　《徽州情思》文案

我在山中等你来

我的家乡是在一个小县城，这里有名山有好水有好茶，这里有欢快的笑声，有别具特色的民族风俗文化。在这里，我们可以放下心中烦忧，抛下所有繁华，尽情地享受宁静。在这里，我们可以什么都不做，就这样静静地把灵魂安放在天地间，把心儿晾晒在暖阳下，让每一个毛孔都自由呼吸，让每一根神经都浅笑安然。在我的家乡还有一片野生茶树林，感谢这片茶树林给我一个机会，一个能带着我的家乡文化来到茶世界的机会。我的家乡在山中，我在山中等你来，等你来感受这片美好。

图4-14　《我在山中等你来》文案

图4-15　我在山中等你来

第五节　茶席的意境

判断一个茶席作品成功与否，主要看意境的呈现和观者能否产生联想。当然，这与观者的艺术修养、文化素养也有密切的关系，而作品意境的营造是茶席创作中的最高要求与难点。

一、意境

中国传统艺术均讲究意境，意境的创造是茶席艺术创作的最高要求与难点。意境的有与无，也是衡量茶席作品成败优劣的标准。

林语堂先生在《生活的艺术》一书中说，意境是“精神和自然融为一体”。

美学家宗白华先生在《美学散步》一书中讲道：“意境是‘情’与‘景’（意象）的结晶品。”

元代马致远《天净沙·秋思》写道：“枯藤老树昏鸦，小桥流水人家，古道西风瘦马。夕阳西下，断肠人在天涯！”前面几句写景，末一句写情，景色秋煞，游子凄凉，情景交融。

二、意与象

中国传统艺术强调“言有尽，而意无限”，只有真正理解了意的无限，才能超越“言”的有限。《庄子·外物篇》中说：“言者所以在意，得意而忘言。”茶席创作同样重视利用虚实结合、“象”与“象外”统一的艺术形象来表达宇宙生机与人生真谛的主体思想的“意”。

“象”与“意”在茶席创作中是充分体现作品思想情感的两个方面，内在的心“意”借由外在的物“象”来表达。茶席的“象”有着自身的形式规律和具体要求，但茶席创作的精神与本质是“尽意”与“得意”，“象”是形式，只是“得意”与“尽意”的手段。

茶席创作不能只满足于有形有限的“象”，而应追求可以表现无穷无尽之意的“象”，这就是“象外之象”。“象外之象”即“象外之境”，亦即具体的茶席形式所表现出来的深远内涵和意境。

三、境与象

茶席的“境”与“象”有联系，又有区别。“象”是实的，“境”是虚的。“象”是有限的、可视可感的、具体的构成与形象。“象”让欣赏者引起共鸣，诱发感悟而形成“境”。

四、境与意

“境”，是“意”的具体体现，是“意”的创造与落实，所以，意与境向来是两位一体的。

茶席的意境是茶席创作者对泡茶的观察认知及铺设茶席具体过程中所产生的，是创作者精神理想、主观情感与茶、器等自然物象的融合。

意境的构成，是从触景生情到寓情入景，最后达到情景交融的一个艺术创造的过程。茶席意境的创造与创作者的文化素养密切相关。不同的文化品位、不同的人生经历、不同的审美情趣的茶席创作者，甚至同一创作者不同的心态下，对茶的感受都有着根本的差异。创作者丰富的学识修养、丰富的人生阅历及生活体验是决定意境格调高低的关键，清奇、典雅、高古、空寂、幽远、飘逸、雄浑、自然等都是创作者可表达的意境。

五、情景交融

“情景交融”是茶席意境创造的最终目的，它主要体现在两个方面。

1.创作者与茶器的情景交融

创作者通过茶、器与自己的主观意愿相互沟通，创造出由创作者的审美体验与情感相结合而产生的具有特殊性、典型性、寓意深远的审美意象，从而达到创作者与茶、器的情景交融。

2.欣赏者与作品的情景交融

这种有典型性的意象能使茶席欣赏者通过想象与联想，在思想情感上受到感染，与创作者所创造的意境产生共鸣，从而达到欣赏者与作品的情景交融，而意境的创造与欣赏者的共鸣取决于心灵上的契合，不同的欣赏者也会有不同的心灵感应，这正是意境创造的魅力所在。

因此，意境是具有典型性的艺术形象及其所诱发的艺术联想的总和，而对茶席而言，茶、器物的具体营造与构成形式则是创造这种典型性和诱发艺术联想的契机。

六、茶席的意境美

1.诗、琴、画的意境之美

意境美是作品的最高境界。从元至清的三部美学专著，均从“境”上立论，对诗、琴和画的审美意境做了出神入化的概括。

元代虞集的《二十四诗品》中归纳了诗的二十四种意境，分别为：雄浑、冲澹、纤秾、沉著、高古、典雅、洗炼、劲健、绮丽、自然、含蓄、豪放、精神、缜密、疏野、旷达、清奇、委曲、实境、悲慨、形容、超诣、飘逸、流动。美学家、北京大学朱良志教授所著的《〈二十四诗品〉讲记》一书中，用优美、绮丽的文笔和渊博的知识对每一意境作了校注和延伸讨论，令人读后受益匪浅。

明末清初徐上瀛著有论琴学专著《溪山琴况》，是中国音乐美学史重要作品。况者，况味也，也即境界。书中列有古琴艺术的二十四种境界，分别是：和、静、清、远、古、淡、恬、逸、雅、丽、亮、采、洁、润、圆、坚、宏、细、溜、健、轻、重、迟、速。

清人黄钺是一位画家、收藏家，他的论画专著《二十四画品》探讨了绘画美学，分析画艺境界，将“林壑理趣”分为：气韵、神妙、高古、苍润、沉雄、冲和、澹起、朴拙、超脱、奇辟、纵横、淋漓、荒寒、清旷、性灵、圆浑、幽邃、明净、健拔、简洁、精谨、俊爽、空灵、韶秀，共二十四品。

2.茶席的意境之美

茶艺与诗、琴、画等都是在儒、释、道母体文化基础上孕育出的传统文化的重要组成部分，同样受儒、释、道审美思想的影响，它们有共同的审美特点，也有各自的特色与不同。笔者在《习茶精要详解》上册习茶基础教程一书中，首次提出茶艺“七美”，分别为：真、静、雅、和、壮、逸、古。当然，茶艺之美不仅仅限于七美。这“七美”是茶艺审美特点的提炼，也是茶席意境美创造的引导。

下篇

茶席赏析

本篇以第三届、第四届全国茶艺职业技能竞赛总决赛获奖作品和中国农业科学院茶叶研究所第四届、第五届茶艺师资班学员的茶席作品为赏析的案例，欣赏茶席的色彩之美、器具之美、意境之美，体悟茶席内蕴清、静、真、和、美、敬、廉及精行俭德的思想和精神。

本篇按照茶席所表现的主题进行分类，分别以茶道茗理、顺时而饮、借席言情、诗境之美、平凡之美为题，分成五章进行赏析。

一茶，一席，一书，便是美好生活的开始。请"慢慢走，欣赏啊！"……

第五章 茶道茗理

茶道起源于中国。有人说，中国人不轻易言『道』，而在中国，茶与道结缘却由来已久。『茶道』一词，最早见于唐代诗人皎然的诗句：『孰知茶道全尔真，唯有丹丘得如此。』丰富的精神内涵建立在坚实的物质基础之上，茶与茶道两者相辅相成，这是物质文化所拥有的共同特点。茶的哲学思想来自人们对世界、对社会、对人生的认识和理解。作为万物之灵的人，是有思想、有理性的动物，对生命意义之思索，对天地永恒、生命短暂之感慨，使『人不满足于现实世界而追求超越现实世界，这是人类内心深处的一种渴望』『在哲学里他们找到了超越现实世界的那个存在』。中国茶道哲学思想在大量的茶诗文、茶书、茶画等作品中不难寻觅，也可以从『和而不同』『茗理清心』两节的茶席中窥见一斑。

第一节　和而不同

茶和天下，香飘万家。客来敬茶，是我国传统的待客礼仪。在新时代，茶被赋予新的文化内涵，茶是和平的使者，是友谊的桥梁，已成为联结世界的纽带。品茶，是生活，是文化，是艺术，是时尚，也是人类交流的共通语言。茶将为建立人类命运共同体，追求世界和平发展增添正能量。

一　中国茶·茶世界

摘要　茶起源于中国。人们药之、食之、饮之、传播之。茶树长在深山，默默无闻；通过制茶师的双手采摘、制作，将茶叶展现在世人面前；继而，茶踏上远行的路，奔向八方。中国茶，茶世界。

作品主题　以“中国茶·茶世界”为题，诠释中国茶由陆路、海路走出国门，传播五洲，影响世界。

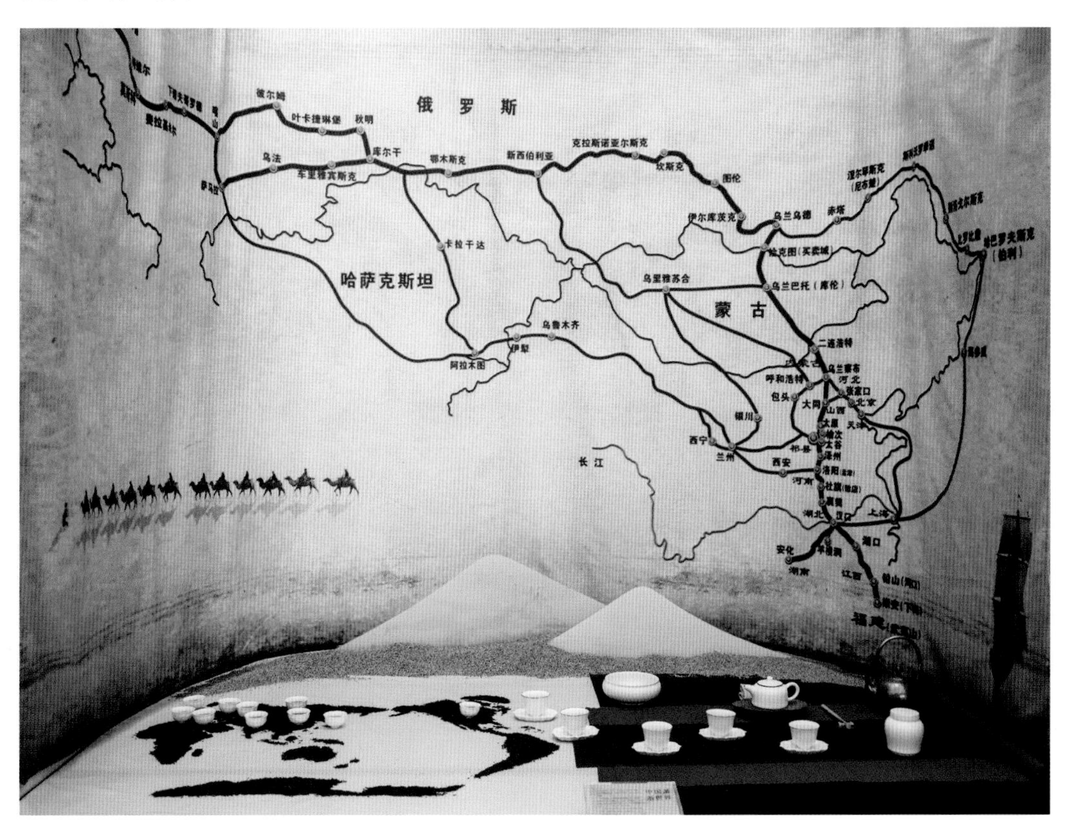

创新点 中国茶的对外传播主要分为陆路与海路两个途径。茶席由两部分组成：①背景。中国茶陆路传播的重要线路，起点为武夷山。②席面。右侧，黑色铺垫代表干茶色泽，红色铺垫代表茶汤色泽；蓝色铺垫代表河流，其最终汇入大海；左侧，以世界地图为蓝本，蓝色代表浩瀚的海洋；以干茶铺成五洲大陆，体现茶传五洲的寓意。茶盏、茶杯、茶壶好似海中航行的一只只舟船，承载着茶，从中国走向全球。左侧干茶铺成的世界地图上，十杯红茶标示出全球茶叶消费量最大的十个国家的位置。

茶席充分利用空间，立体呈现茶席主题，以直观的形式展现中国茶对外传播的路径，契合“一带一路”倡议思想，彰显茶传五洲的重要作用。

思想表达 早在唐代，茶叶就向外传播。如今，这一片小小的树叶已经风靡全世界。茶叶是中国对世界文明的卓越贡献，影响了世界的经济和文化格局，改变了全世界人民的生活方式，提升了人们的生活品质。一棵棵茶树，长在大山深处，默默无闻；通过制茶师的双手采制，将茶叶展现在世人面前，散发清香，绽放魅力；而后，茶叶被远行的驼、马或巨轮，运向四面八方。中国茶，香满世界。

赏析

区区一个空间，展现大海、陆地、山脉、茶，把中国茶向全球陆路传播和海路传播表达得淋漓尽致，这无疑是一个成功之作！在茶席的表现手法上，平面与立体无缝衔接，有效利用空间；用干茶填充出地球上的陆地的轮廓；用盛有茶汤的十个白色瓷杯标示世界上茶叶消费量最高的国家……作品表现手法创新可鉴。创作者有“茶世界”的气度，有高度、有深度，体现了文化自信。历史上，随着茶的传播，茶的饮用方式、饮茶礼仪等也同时传播，若能在作品中有所体现，则更佳。

创作：许泽梅 朱阳 赵丹 赏析：周智修

二 茶在"一带一路"上

摘要 中国是世界上最早发现茶、利用茶的国家。茶与瓷、丝绸沿着丝绸之路传播到连接亚欧大陆的神秘国度——土耳其，并且在那里落地生根。如今，土耳其已成为世界上年人均茶叶消费量最多的国家。

作品主题 对"一带一路"的历史追忆以及今日之思考。

创新点 席面以白色为底，上铺红、蓝、棕三条桌旗，代表中国、土耳其和漫长的丝绸之路，骆驼是对传统运输方式的追忆。席面分左右两边，左边选用青花瓷器茶具，冲泡"红茶鼻祖"正山小种，既代表着丝绸之路的起点、茶的起源地中国，也是向往昔致敬；右边选用土耳其铜胎手工雕花珐琅彩的子母茶壶茶具套组，烹煮土耳其黑海地区出产的红碎茶，真实地反映了土耳其饮茶习惯。

将大主题凝聚于小小一方茶席，古今对照，中国茶饮与土耳其茶俗呼应，茶在“一带一路”上继续传播。

思想表达　中国与土耳其，两国自1971年建交以来，贸易往来再也不像过去那样依靠脚力，如今再远的距离也朝夕可至，中国与土耳其两国的茶贸易往来一派欣欣向荣。

席面前端摆放着两本书，一本是土耳其语的《中国》，一本是汉语的《土耳其》，代表国与国之间的对话与沟通，诉说两国人民对于长久友谊的祝福、对贸易持续稳定的祈盼。愿“茶路和平，世界和平”。

赏析

所选题材和器具均具有典型性，一席之地，同时表现产茶大国与消费大国之间的联系与友谊，同时也体现中国茶文化的世界影响力，手法上颇具概括性。茶席突出茶具主体，布局采用对角呼应，在形制和色彩上形成两种民族风格的鲜明对比，虽然表现的内容宏大，但素材简洁，席面干净。在具体的茶具安排上，如果能考虑到实际操作性，也许会更增添几许灵动感和生活气息。

创作：陈涛　赏析：于良子

三 和

摘要 茶人置身于狭小的空间内，好比我们生活在世间那些不可逾越的生活法则中，有压迫感。微光投射时，人居其间，以茶为媒，连接天地万物，守住一颗初心，让心灵回归平静与祥和。

作品主题 以三尺之间茶席表达茶人的体、感、悟。这个茶席让茶人置身于狭小的空间内，感观上有压迫感；但茶人通过习茶，还能守住一颗初心，让心灵回归平静与祥和。

创新点　以大自然的枯枝为席，星星点点的嫩芽是生命的气息，自然而清新。一个焦点延伸出无数条线，形成一个富有质感的平面，框体的设计阻挡了线条的无限趋势，排列组合成立体的画，在表现艺术美感的同时给人压抑的感觉。①茶席将明快的色彩和古朴的木色交融，无论从材质还是色彩的角度，恰到好处。②把二维平面的茶席布置立体化，通过三维乃至多维的呈现方式，让茶席保留古风的气质，并与时尚接轨。③墨黑碳钢与天然枯木结合，代表着现代和传统完美结合。④本席全景暗合一个“因”字。茶席外部为一方框为“口”，泡茶台为“一”，中间茶“人”端坐，正好合一个“因”字。佛家讲“因果”，凡事有起因，必有结果，如农之播种，种豆必然结豆，种瓜定是结瓜。茶人以茶修心，播种善良的种子。⑤枯木上静置的茶器，圆形的水盂用自己的方式传达对“和”文化的理解。⑥枯枝上一抹绿意代表着生长的力量；小小的茶盏代表着一个个小小的个体，自我的力量。

思想表达　和谐世界浓缩于一方茶席，人给予茶生命为因，茶给予人慰藉为果。茶是中华“和文化”的一个缩影，现实的拘束与心灵的自由，通过一张茶席，完美呈现。

赏析

这个茶席作品的成功之处，就在于空间感的表达十分到位。茶席以实体占有空间、限定空间，并与空间一同构成新的环境、新的视觉产物。茶席是由点、线、面、体构成，它们之间的结合生成无穷无尽的新形态。“和”，通过立体构成的空间，用紧张的线条制造出力量感，来反衬这样一个柔和的主题。该茶席更接近于一件茶道装置艺术作品，它令我们思考，茶席作品进一步从平面中脱离出来。

创作：尹莺 赏析：潘城

四　从义乌出发

摘要　“新丝绸之路经济带”不仅是贸易带，也是文化传播带。随着“一带一路”倡议的实施，中国努力推动构建新型国际关系，构建人类命运共同体。该茶席以万里茶道为背景，采用传统民族色彩和器具，用大胆而晓畅的表现手法，呈现中国茶的辐射力和生命力。

作品主题　以“一带一路”新丝绸之路为题材，以具有市场经济典型意义的义乌为出发点，表现新时代新丝路以及中国茶文化的生命力和影响力。

创新点 该茶席以丰富而明快的线条、色彩和直白晓畅的手法，用传统的茶席形式，反映重大题材。义乌被喻为“新丝绸之路”的“义新欧”铁路的始发站，故该茶席命名为“从义乌出发”。①以万里茶路为背景。②席面采用明快的五色桌旗，并呈放射状铺设，暗喻“一带一路”的“五通”，也寓意中国茶通向世界五大洲。③茶具与茶品，青花瓷是中国瓷器的代表；祁门红茶是中国具有世界影响力和知名度的代表茶品。④以六大茶类小茶盘、拨浪鼓和“中欧班列”装饰茶席，拨浪鼓是义乌贸易萌芽期的象征，是义乌的代名词。如今，更新更高效的运输工具将中国茶运送到全世界！

思想表达 以五色代表“五道”和世界五大洲，辐射性的铺设方式表达茶与茶文化从中国义乌向全世界传播，寓意“丝茶之路”日渐其宽，与白色桌布合为六彩，与六大茶类小茶盘结合，代表中国的六大茶类。

茶，不是一片简单的叶子，而是一种富有生命力的文化符号，一种精神文明的物化代表。“新丝绸之路经济带”不仅促进了贸易，还传播了文化。从新丝路新起点——义乌出发！

传统茶艺是一门雅致的艺术，天生与静美相关联。当代茶艺的题材，无疑要比古代丰富得多，但也正因如此，当遇到反映现实生活及重大主题时，会考验创作者题材的选取与主题表达的艺术手法。该茶席首先在色彩上突破传统茶席素雅的规则，采用五色桌旗，表达“一带一路”的“政策沟通、设施联通、贸易畅通、资金融通、民心相通”等“五通”；又与白色桌布合为六彩，巧妙地象征了中国的六大茶类。此外，还采用了富有地方特色的小道具“拨浪鼓”和“中欧班列”，显示了具有典型性的历史跨度和飞跃；采用独特的色彩和器具，大胆而晓畅的表现手法，呈现中国茶文化强大的辐射力和旺盛的生命力。总体上看，茶席主题鲜明，手法直白而平中见奇，在为数不多的表现当代中国茶文化和具有主旋律意义的主题茶席中，应属一件较成功的探索之作。其中有些细节道具过多，尚可再加斟酌，使线条、块面更为集中而具有整体感。

创作：张媛媛　李海霞　赏析：于良子

五 共饮一泓水

摘要 蔚蓝的大海，美丽的香江，一座壮观的大桥连接了港珠澳。茶席上一座由“桥”“岛”“隧”组成的世界上最长的跨海大桥完美地呈现在我们面前，而背景的画面更直观地表达了港珠澳大桥的壮观和雄伟。

作品主题 设一茶席，品一杯大红袍，庆祝中国人自主研发、自主建设的世界之最的跨海大桥胜利开通！充满喜悦和自豪！港珠澳大桥的开通，也寓意着珠港澳同胞血肉相连更加紧密，同为炎黄子孙，共饮一泓水！

创新点 茶席选用蓝色桌布打底，与蔚蓝的大海背景相呼应，通向苍茫的远方。银色的桌旗犹如一座雄伟的跨海大桥，蓝色的壶承代表桥中的岛。红色的茶碗和茶杯表达了大桥胜利完工的喜悦，品一杯历经千辛万苦制作的大红袍，共庆这一座由中国人自主设计、历时八年建造的世界最长的跨海大桥的胜利开通。

思想表达 若亲临这座跨海大桥现场，你将为之震撼！联想到大红袍的制作工艺复杂、耗时长，这样浩大的工程，施工的艰难可想而知。一杯花香馥郁的茶汤，一座雄伟的大桥，中国的制茶技术、中国的造桥技术都是值得骄傲的！一杯大红袍，表达珠港澳同胞血肉相连，同为炎黄子孙，共饮一泓水！

赏析

桥，在以往茶席创作上往往是以点缀功能出现的，而该作品则以“桥”为主体，突出了主题。该茶席取材于“港珠澳大桥开通”的现实题材，从文字表述和茶席组织结构到用茶，作者融入自己的亲身感受和联想，用富有激情的笔调表达了创作主旨。在创作手法上，从蔚蓝的主色调，到洁白的海星，作品抓住了大格调、大气息；桌布从平面到立体的延伸，茶具主体和意象道具的安排主次分明、错落有序，具有很好的整体感。

创作：陈锌　赏析：于良子

第二节 茗理清心

道是宇宙、人生的法则、规律。中华文化源远流长，儒释道思想延绵不绝，相互渗透，相互激扬，成为了炎黄子孙特有的精神追求与心灵皈依，或寂静安稳，平和至极；或飘然洒脱，清明虚静；或精行俭德，刻苦求远。而茶，以其空灵悠远之味，宁静祥和之饮，成为儒释道思想的载体。

一 无尘

摘要 尘，凡尘，红尘，表示世俗。无尘，不着尘埃。心若无尘，清风自来。一盏普洱茶，让心变得轻灵、美妙。

作品主题　以百年古树普洱茶之纯净、寄托无尘之意，得无尘之心，回归自然。

创新点　茶席采用铺地式。在中间放一条无脚旧条凳，上铺竹席，简约、古朴。木条凳犹如古老的普洱茶树枝丫，托起尘心，向天地要自然之态。木色清汤，油灯一盏，映照光阴，旁置一枝青竹，扫涤心尘。老缸放置右侧，盛无根无尘之水，用质朴竹勺舀一勺清水，明火慢煮，水一沸注入壶中，看茶叶舒展，吱呀作响，香醇入鼻，甘甜入喉，滋润凡心。普洱茶的醇厚，正是其集天地山水之灵，使其从一至终，如历经风雨成大智慧者，让人面对它时心静、平和，万丈繁华，不若无尘。

思想表达　凝神静虑，祛除所有的杂念，让心浸润在茶中，尽享自然的静谧。精神这一刻是放松的，若有所思而又若无所思，天地变得无限辽阔，在清静无扰中，觉清风徐来，吐浊纳新。品茶心，无挂碍便无尘。

赏析

该茶席诠释了带有禅意的枯寂之美。我们常常说做人、做茶、做茶席要有“底蕴”，可是什么是文化底蕴呢？找来一堆古董就是底蕴吗？讲一个诀窍——用旧物，但是处处干净——就是底蕴。茶席中的茶品是古树普洱，冲泡方式是现代茶艺的方法，表现一种简素的生活志趣。简素就是简单朴素，也就是单纯。但这里的单纯是指表现形式和表现技巧的单纯化，而恰恰使精神内容得到深化、提高。越是要表现深刻的精神，就越是要极力抑制表现并简素化，而且越是抑制表现而简素，其内在精神也就越是深化、高扬和紧张。

作品朴直、节制、无光、无泽、冷瘦、枯朽、粗糙、古色、寂寞、幽暗、静谧。这种美感与禅宗思想有直接的关系。

创作：梁敏敏　赏析：潘城

二　时空邂逅

摘要　本席采用时钟代表运动的时间，茶席与茶具则代表一个多维立体的空间，构成一个相对而相容的统一体。万事万物，皆表象对立，实则缺一不可，相融相通。

作品主题　海纳百川，有容乃大，不纠结于得失，不忧患于成败，顺其自然，和谐统一。

创新点　灵感来源于爱因斯坦的相对论，虽然相对论诞生了一百多年，但现代人的时空观大部分依旧停留于牛顿的绝对时空观，认为时间是均匀流失的，空间是平直地分布着，但爱因斯坦却认为，时间和空间都不是绝对的，而绝对的是他们的整体——时空。

时钟为一个动静结合的统一体，绿萝的宏观静态与微观生长动态平衡，这些都是在表达相对论的主要思想。红、蓝对比的茶席叠配，代表着大地与天空的交汇共融。蓝色叠席的卷筒设计可以清晰看出一维、二维空间的形成，以及与底席构成三维空间，由此亦可联想空间的引力弯曲（当你给蓝色卷筒施加一定的力，卷筒会变形，这就是一种空间弯曲）。

思想表达　人生五味杂陈，喜怒哀乐忧，都是每个人生活中必不可少的一部分，所以本席采用对比搭配让观赏者自己去观察并领悟矛盾的表象下面是千丝万缕的融会贯通。

相对安静的茶具，在变成美物之前，它是不为人知的瓷土，深埋地下，也许几千年后被发现，经过各种复杂的工序，方能羽化成仙，变成好用且美观的器物，摆放在我们面前，这难道不是一场完美的时空邂逅吗？当我们再用它来冲泡精心制作的茶，人类文明与大自然在同一个时空亲密交谈：你终于醒过来了，还好吗？我们来一起酣畅淋漓地走完这一程！

这些都是在这一张不大的茶席上的思考，虽然时空的维度很多，但此刻，希望你在这里心领神会，寂静欢喜！

品茶，形式上是茶水之道，本质上品的就是时空关系。茶席开门见山地指向爱因斯坦“相对论”，并有一个可视为“相对论”科普的文本，称得上别具一格。如作者所说：“人生五味杂陈，喜怒哀乐忧，都是每个人生活中必不可少的一部分，所以本席采用大量的对比搭配让观赏者自己去观察并领悟矛盾的表象下面是千丝万缕的融会贯通。”将茶艺这种艺术形式的本质在茶席上呈现，并予以理性阐释，启迪心智，清晰认识，无疑可让茶的品饮活动更具一定高度和意义，主题先行，动静相适，这是该茶席在创作上的基本手法。以时钟为点睛之笔，并辅以其他“静物”，所构成的明暗、隐显的时空变化中，留下思考的余地，因此而显示出茶席的思想深度及人文价值。如果在形式上设法使茶具与时钟之间关联得再显著一些，一方面可提高茶席的整体感，另一方面可以更通俗一些的角度去引导更多的欣赏者，引起共情的效果也许会更好。

创作：陈艳芳　赏析：于良子

三 平常心

摘要 滇南产嘉木，名曰大叶，历数千年。今采其鲜叶，施自然古法，精揉细捻、百炼成茶，沸水冲泡。人生在世，如履沙洲，若得其叶之工，一隅小憩，悟平常心。

作品主题 品大叶禅，悟平常心。

创新点 ①陈香沙盘。细润白沙，用普洱茶熟茶茶汤彻夜浸泡着色，次日捞出沥水，与茶叶烘干着香，晾凉后铺满茶盘，做沙之漠；泡茶品茗之时，淡淡茶色现于席间，颗粒中泛起的悠悠茶气与普洱佳茗的陈香呼应成韵，相得益彰。②水波涟漪。于沙盘之

上，细致描画圈圈涟漪，大小更迭，错落有致，叠放水纹型杯垫，轻落茶杯；似普洱迎客，晕出波纹；似客品普洱，舌尖点水。③微景观实物茶席（苔藓、文竹、枯枝、白莲、青石）。苔藓受甘露之浸润生于茶席一角，辅以砂石、枯枝、葶草，成沙漠之绿洲；微型陆羽雕像，倚青石山旁，文竹枝下，抚一曲清幽，成沙漠之雅韵。此两组微观景观，于茶席之上，对角置列，从自然与人文的不同层面，倾诉生命的成长与迭代。

思想表达　大叶普洱，四季皆宜，八月微凉，从清雅喝茶开始。黑绢细帛为席，融天地方圆之深邃，茶香黄沙成壤，载共生万物之浮沉。茶具，精择陶器，不饰雕琢。铁壶煮水，沏泡香茗。茶，择2009年大叶种古树普洱熟茶，名曰“弥香”，岁月雕琢，陈香浓郁，汤浓色红，古韵悠远。一壶甘甜之水，知明月春秋，一盏普洱佳茗，品岁月生香。拙朴与宁静，为茶境之美。

茶，本源自生活，而今回归日常，品大叶禅，悟平常心。

这是一件精心之作。既有传统手法，也具有一些新意。作为创新点的茶席主体，陈香沙盘的制作可谓煞费苦心。将白沙用“普洱茶熟茶茶汤彻夜浸泡着色”，以“求颗粒中泛起的悠悠茶气与普洱佳茗的陈香呼应成韵”，虽有奢侈之嫌，尚有可取之处，颇得浸润之意。并且以枯山水的手法，勾勒出涟漪波纹，同时置苔藓、文竹于一角，则又是枯中带润，呈现出一份郁勃的生命感。很好地体现出“人生在世，如履沙洲”的意境，也为“禅悟”开拓了门径。茶具的运用，格调一致，深沉厚重，而布局上稍感松散，左右间距较大，恐在分茶时有累于手臂。枯枝及瓷偶，反而有局限与牵强之感，不如省却。主题还可再提炼、提升，文案的表达方面，在条理、层次结构及遣词造句上，围绕主题还可再凝练和推敲。虽然禅意可以不立文字，但为了更好地传达主题，还是应该讲明白一些为好。

创作：贾黎晖　李向波　白俪佳　张晓娇　赏析：于良子

四　海天之约

摘要　大海向蓝天邀约，来一场云的茶会。用宝蓝色台布打底与大海背景相呼应，边上用浪花桌旗陪衬，再用一艘玻璃船呈放淡淡湖蓝色品茗杯，仿佛行驶在蔚蓝的大海上的航船，令品茗人的心随着浪花轻盈荡漾。

作品主题　在繁忙的工作之余，追随心灵的召唤，应大海与蓝天邀约，来一场云的茶会。

创新点 茶席选用宝蓝色台布打底，与蔚蓝的大海背景相呼应，延展向苍茫的远方。蓝色能给人一种深邃平静的感觉，玻璃壶承上安放着泡茶器湖蓝色盖碗，台面上一艘晶莹剔透的小船呈放着淡淡的湖蓝色品茗杯。边上用飞溅的浪花图案的桌旗作为陪衬，仿佛行驶在蔚蓝的大海上，令人备感安静。选用玻璃提梁壶煮水，那幽深的蓝色与透亮的玻璃相映衬，一如晨曦中滚动在枝叶上的清露，莹润而不浅薄，清幽而不冷寂，纤尘不染。一杯清香的茶汤，摇落了海水波光粼粼的碎影。一许清幽，伴往事一幕幕在心海里游荡。

思想表达 品茗人的心随着浪花起伏，向着前方的灯塔，与光明融为一体。享受着海天白云，心灵随一叶扁舟在大海中荡漾……

面对大海，人的情绪舒展、思想飞跃、灵魂净化、心境豁达。给自己的心一个港湾，盛风盛雨盛欢笑，给自己的心一片蔚蓝，寻寻觅觅，静思澹行。让心成为一片海，博大、深沉、宽容。

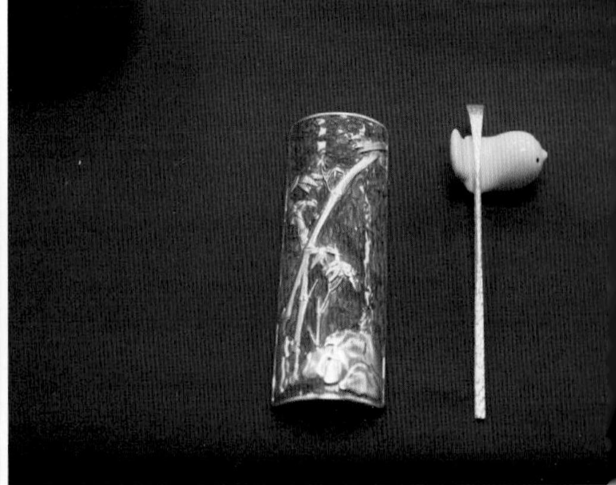

一望无际的蓝，蓝得义无反顾。此前，很少有茶席用如此执着和直白的色调来表达主题。一席之地，运用多种元素组合诠释深蓝，无论是船形的玻璃茶盘、瓷质的鱼形匙搁、海螺作水盂，还是浪花桌旗，都以形式语言表达着海的丰富和博大。

元素的运用效果一定与艺术手法息息相关，色调直白大胆的同时，更有细节的调和与周旋：背景的虚而动，与席面的实而静，构成海天一体的意象，茫茫大海中的一叶孤舟，与灯塔的对角相行，含蓄地表达了对“约”的执着，而灯塔的一抹暖色，更加衬托了深蓝的意境，很自然地表达出大海的博大深沉之美对人的精神陶冶，这些均是作者的匠心和作品的审美价值所在。

不足之处，桌前的救生圈因为与主题并无大的关系，似可省略，而茶及茶器对主题的表现意义除了色彩之外，在主题的主导性和关联度上还需强化。另外，作品的主题文案，在表达上还有继续深化的空间。

创作：华波　赏析：于良子

五　棋·茶

摘要　午后，阳光正好，炉上水壶水汽升腾，茶叶缓缓地在杯中绽放它的身姿与香气。黑白子交战正酣，没有喧哗与焦躁，置身于一片宁静之中，找寻心中那一点点本真与朴素。

作品主题　人生如棋，落子间风云变幻；亦应如茶般本真、宁静。

创新点　下棋不过两种姿势：拿起、放下；茶不过两种姿态：浮、沉。这个茶席将茶与棋这两种源于中国的传统文化完美融合在一起，以明亮的蓝色桌布为基调，棋盘为干茶盘，细腻温润的天青色汝瓷瓷器作为主泡具，一朵含苞待放的荷花为炎炎夏日带来一丝清凉柔和，也用以烘托清新淡雅之气，背景采用与棋盘相对应的“茶之道”屏风，将整个空间融为一体。

思想表达 午后的茶室，阳光静谧美好，烧水壶正在吱吱响，水汽缓缓升腾却又不留一丝痕迹地迅速消失。茶叶在温润的汝瓷壶中慢慢绽放它的美，香气四溢。避开尘世间所有喧哗与焦躁，停下脚步，专注于茶与棋之中，找寻心中那一点点本真与朴素。拿起、放下；浮、沉……

赏析

这个作品是围棋文化与茶文化的碰撞，看似两件不同的事，其理有共通之处。人都在寻找一个交流的平台，或对抗或融通，最终都希望找到一种平衡，和谐共生。整个茶席使用了让人宁静的宝蓝色底布，黄色的棋盘亦能突显。茶席上的器物能比较顺畅地泡出一杯茶。但各种器物的体量与摆放稍显随意。“设计”需要从内容到形式都有设想和计划，需要用心选配、摆放，优秀的茶席源自茶席主人对于茶席审美的把握，对审美对象的认识。

创作：王瑶瑶　殷娜　樊媛媛　赏析：陈云飞

六 妙悟自然

摘要 茶道修行是高雅的人生体验，回归自然，是另一种参悟与人生选择。保持一颗平静而淡泊的心，就如同我们在宁静的午后，端起品茗杯，啜一口茶，品一缕香。只有心静，才能不为外物所累，“风过疏竹，风去竹不留声；雁渡寒潭，雁过潭不留影”。一切顺应自然，以澹然之心，回归本初。

作品主题 妙悟自然，从自然获得感悟，那是人生的大智慧。

创新点 茶席以水墨山水画为背景，用白色砂石铺于黑色麻布上，远山、流水、竹排、深山中的庙宇，让人仿佛置身于大自然的怀抱中。茶具选用白色磨砂琉璃茶具，若隐若现，纯朴而自然，象征着回归本质与纯真。

思想表达 繁华的都市生活，使人们的生活节奏和步伐加快，对功名利禄的向往、对个人得失的追求，使人们迷失自我、失去本真。返璞归真成为人们追求的一种人生境界。将自己置身于自然山野，沏一杯香茗，欣赏起伏的山峦，蜿蜒的小河，青青的芳草，呼吸带着泥土芳香的空气，感悟回归自然的喜悦。

赏析

该茶席作品无疑是“外师造化，中得心源”的典型作品！沏一杯香茗，置身于山野中，感悟自然的魅力。找回那个初心，回归本真，找回内心的喜悦。

从表现手法上有创新之处，用白砂、黑色麻布与背景的水墨构成视觉上的整体感，整个茶席犹如一幅山水画，给人无限的遐想和美感。

创作：朱梦颖 吴斌 赏析：周智修

七 三代教书“匠”，一杯清茶魂

摘要 三代教师家庭，祖孙三代怀一颗“匠心”，将人生奉献于教育事业。一个茶席，两个区域，代表的是祖孙三代教师的书桌。一杯清茶，几许书香，为师者，有匠心的凝聚，有茶魂的传递，有家风的传承。水晶玻璃茶具，寓意“玉壶存冰心，朱笔写师魂”，象征着青年一代教师传承师心茶魂的决心。

作品主题 三代教书“匠”，一杯清茶魂。

创新点 茶席以黑板作为背景，渲染出教室、课堂的氛围。此时无声胜有声。一大二小三个区域的茶席是祖孙三代教师的备课书桌。左边是爷爷的书桌，20世纪60年代的简朴风格，一盏煤油灯、一个竹笔筒、一个砚台、几支毛笔、一叠信笺、一个古朴的茶叶罐，是爷爷书桌上的常用器具。右边是父亲的书桌，一个竹壳保温瓶和白瓷盖杯、一支钢笔，一个木质三角板、几本备课笔记，体现20世纪80年代清廉风格。爷爷和父亲的书桌以一条棕色桌旗相连，象征师魂相传。

中间主泡席是我的书桌，我喜欢清新明快的风格，米黄色的桌布，棕色桌旗，寓意传承爷爷和爸爸的师魂。透明水晶玻璃茶具，寓意“玉壶存冰心，朱笔写师魂”，既象征着青年一代教师秉承家风，坚守三尺讲台，传承师心师魂的决心，也象征着三代教师矢志不渝，教书育人，奉献祖国教育事业的精神。桌角摆放吊兰，蕙心兰质，象征文人的清雅情怀。

三个时代的书桌风格，祖孙三代教师的备课场景，反映出三代教师在不同的年代秉承着同样的情怀，那就是对教师工作的热爱，一颗从事教育事业的“匠心”。

绿茶茶性清俭，最能体现教师的清廉风骨。茶品为桂平西山绿茶，产于广西桂平市西山，是我们祖孙三代常喝的茶，关联着血脉传承的“师者，传道、授业、解惑”的信念。

思想表达 “玉壶存冰心，朱笔写师魂。轻盈数行字，浓抹一生人。”师者，所以传道授业解惑也。三代教师家庭，祖孙三代以一颗“匠心”，奉献于教育事业；茶者，所以涤烦解渴助思也。以茶为师，谦和恭敬，德馨兼备，茶香如师德。立师德，修师身，铸师魂！三代教书匠，一杯清茶魂。以一杯茶香向教师们致敬，表达诠释师道的心愿。

赏析

作品以一家三代教师为主线，把师德、师魂与茶德、茶魂融为一体，强调“师者，传道，授业，解惑”的信念，也正是当下教师们应坚守的信念，具有普世的意义。在表现手法上用三代教师的备课桌、教具为道具，有年代感，也体现了时代的进步。一条棕色桌旗，象征爷爷和爸爸的师魂传承，通过视觉，让观者产生联想，是表现手法的高超之处！

创作：梁培琳　赏析：周智修

八 时间的味道

摘要 六堡茶是具有岭南特色的中国茶。它沿着古老的茶船水道走来，历经航海贸易的曲折和岁月的洗礼，成就了六堡茶的红浓醇厚。时光荏苒，从传统工艺到现代工艺，从闷泡法到壶泡法，六堡茶的底蕴日渐厚重。

作品主题 时间的味道，具有物质层面与精神层面的双重含意：既指六堡茶在茶类上的特点，亦指六堡茶深厚的历史和文化底蕴。人生沧桑，亦是“时间的味道”。

创新点 在茶席器物布设上采用对比法，突出主题。老屋的青砖墙，斑驳的小斗橱，直筒闷茶壶和粗瓷碗再现古老的闷泡法，成为茶席立体背景。中间的竹制矮桌为主茶席，质感细腻的广西坭兴陶壶、北流瓷杯，体现当代的小壶泡法。这是往昔与今日的对比。以闷泡法的呈现为背景，以当代的小壶泡法为主体，以时间和空间的跨度，展现过去和现在的对比，引导思考——任岁月变迁，传统与现代的传承和交融持续沉淀着六堡茶的文化底蕴，体现“时间的味道”这一主题的多重含义。

挂于青砖墙上的茶船古道线路图，与铺于地面的海上新丝路路线图相呼应，这是历史时空与当下的呼应与对比。

思想表达 以闷泡法对应传统工艺六堡茶，以小壶泡法对应现代工艺六堡茶。六堡茶的工艺、泡法随光阴流转而演变，带着时空辽远的气息与味道。时间的长度，总能丈量出世间万物的厚度与人生境界的高度。光阴荏苒，从传统工艺到现代工艺，从闷泡法到壶泡法，从往昔的茶船水道走向今日的海上新丝路，六堡茶的茶中况味日益醇厚。

人生的真谛，总是历经沧桑、洗尽铅华以后才渐渐明朗。茶如人生，其中滋味需要时间来积淀和体会。无论是寒来暑往的岁月蹉跎，还是侨销茶里的家国离愁，无论苦涩还是甘甜，皆尽融成浓茶一杯。

赏析

世间能品出时间味道的，首推这神奇的茶。作者巧妙地用老物件与当代物件的对比，表达时间的流转；背景中的“茶船古道”与平面上的“海上新丝路”，引出空间的变化。时空流转，这一泡六堡茶越陈越厚，人生如茶，同样需时间积累和体会！

创作：石冰　赏析：周智修

第六章 顺时而饮

中国是世界上少数几个农耕文明的起源地之一。二十四节气是通过观察太阳周年运动，认知一年中时令、气候、物候等方面变化规律所形成的知识体系，它不仅在农业生产方面起着指导作用，同时还影响着人们的衣食住行，甚至文化观念。顺时而饮体现了人顺应自然宇宙的规律、与自然和谐共生的哲学思想，蕴含着中华民族祖先天人合一的智慧结晶。春夏秋冬、寒来暑往是大自然之天道。本章茶席根据四季与节气而设，以艺术的手法表现了人与茶及人与自然间万事万物的关系。一杯清茶，一席凉风，阴阳平衡、顺应自然，与天地自然相和，体会美好生活。

第一节 春风啜茗时

春天是万物复苏的季节，一年之计在于春，春天是绿色的、充满希望的季节。春季是四季之首，为立春至立夏期间，节气有立春、雨水、惊蛰、春分、清明、谷雨。春回大地，草长莺飞，百花盛开。这个季节气候多变，乍暖还寒。一般适宜喝花茶、红茶、普洱熟茶，有利于散发冬天积蓄在体内的寒邪，促进阳气的生发，暖胃、养肝。茶席跟着季节走，春天的茶席可以表现绿色的生机，也可以表现“天街小雨润如酥，草色遥看近却无”的意境，抒发对春天的热爱与赞美之情。

一 一团春意

摘要 立春，农历廿四节气中的第一个节气。乍暖还寒，二三知己，泡饮当年采制的春茶生饼“一团春意”，品茶赏梅观烟听丝竹，虽处斗室，如在山间水畔。

作品主题 万物复苏，一团春意。

创新点　①茶品选用普洱生茶饼。原料选用巴达高山大树有机茶青，是普洱茶中比较难得的有机茶品，带来春天纯净的气息。②立春时节，南方的竹园已有新枝抽翠，铺垫选用细竹配嫩绿色桌旗。③选用浅色的段泥紫砂壶，搭配玻璃公道杯和白瓷品茗杯，最大限度地呈现出来自古老茶区的高大乔木茶所特有的细腻甜润、丰富饱满和鲜活清爽。紫铜杯垫上的群山、银月宛如澜沧江畔的“春江花月夜”。④茶席右上角置一山石花瓶，斜插一枝粉梅。立春始，东风起，香器放于茶席的西侧，不夺茶香，香器是一叶翠竹的造型，燃一枝沉香，轻烟袅袅。

思想表达　立春，万物复苏，意味着春天真正开始了。一年四季的循环拉开了新的序幕。江河解冻，春江水暖；梅枝绽放，暗香浮动。2月初，华南、西南茶区，茶园已是新翠初展，一团春意。啜一口茶汤，品饮春天的滋味。

赏析

茶席运用绿茵和粉梅点题，在整体感和色彩细节的平衡处理上颇具心思，当然，如能采用真材实料则更佳。从茶具布局上看，总体尚属合理，但稍失于散，可作些疏密变化的调整；梅花在意境表达上还可再简洁，同时在造型上避免扁平化，应有些“孤傲”之气才有生命感。

创作：黄军君　赏析：于良子

二　报春

摘要　围绕主题“报春”，借用与之相关的“迎春”诗句展开阐述，展示生活中一个满心欢喜、满怀希望与感激的生命之始。

作品主题　报春，这个美丽而梦幻的春天，因这一席春意而生生不息！

创新点　围绕“立春”“始建之气”为主旨，以“百草回芽”“迎春报春”“咬春尝鲜”诸元素，以清新、简洁、雅致为基调，设计以“报春”为主题的首节气茶席。①“百草回芽”席面选用浅绿色细麻草编桌旗叠于带着肥沃土地气息的深灰色棉质桌布上，犹如百草正迎着东风破土而出，展露新绿；席面左侧桌面竖铺一条窄长条形灰绿色麻草席，衔接了浅绿席面与深灰桌布的过渡，达成色调的协调性；从茶席正面看，可以增加美感与动感的变化。②为表达“始建之气”，在茶具选用上，特别定制了一位年轻、爱茶的设计师独创的仿宋宫廷高脚白瓷杯和独具设计感的主泡器、公道杯、茶罐，

具有视觉冲击力，让人耳目一新。③茶席中，最抢眼的应该是席面左侧底肥口小的大白瓷花器了，一枝新绿，婀娜而不失顽强，招摇却不显俗气，与席面右侧白陶水壶上的绿色盖纽，还有用韭黄色迎春花拼写的“报春”二字，较好地诠释了“迎春报春”“草木萌生”的时令特点。④茶品，家乡有一种早茶，一到立春，茶芽便迫不及待地顶着寒风吐绿，我们把它称作“早春二月”。这个节气里品“早春二月”，正应了“早春尝鲜”“春生而发”的养生之道。高雅的蜜兰花香、悠悠的毫香，伴随着甘露般的滋味渗透到每个品饮者的肺腑间，一口醉抑或一杯醉，无以形容的喜悦穿透身体的每个细胞、每根经络扩散至全身。

思想表达　围绕对“立春”“始建之气”的理解，攫取“百草回芽”“迎春报春”“咬春尝鲜”诸元素，以清新、简洁、格致为基调设计“报春”为主题的第一节气茶席。

赏析

立意在早春，所用元素恰到好处地表现了春的不期而遇，春的执着而来，春的不可抑制，春的巨大能量；所用茶器造型新颖，色调雅致，但大小配置及主次关系，或见仁见智；全席中，瓶花作Y形对称，且一枝横向席中，尚可再作斟酌。

创作：陈丽容　赏析：于良子

第二节　纳凉品绿水

春天过后，芳菲歇去，夏木阴阴最可人。每个季节都是有质感的，夏天是炎热的，也是清凉的；夏天是浮躁的，也是安静的。夏天的清凉与安静——这一切皆是因为茶。夏季节气包括立夏、小满、芒种、夏至、小暑、大暑。夏天养生，重在养心，“散热有心静，凉生为室空”。夏暑逼人，绿茶、白茶、普洱生茶等凉性茶开始当家。夏季的茶席，常以简淡翠绿素雅的色调，营造清凉的品茶空间。炎炎夏日，在这样的空间，再泡上一杯鲜香醇爽的清茶，怎会不“唯觉两腋习习清风生”呢!

一　一盏清茗饯花神

摘要　古人相信，天上的“花神”掌管人间百花，每年二月初二花朝节，花神下凡，安排百花开放，民间举行隆重热闹的迎花神仪式。芒种时节，众花渐渐凋落，花神须得归位，古来便有“送花神”的习俗，如今且以清茶一杯与花神饯别，效仿古人奉上礼物与花轿，感谢花神带给人间鲜艳与芬芳，期盼来年花神如期而至，继续播撒美丽与好运。

作品主题 进退去留不可逆，一盏清茗饯花神。此别为下一季清美的相聚。

创新点 ①选用黄色、绿色、浅灰相配的茶席布作为铺垫，采用叠铺的方法，黄、绿色用以表现初夏梅绿麦黄的季节色彩，浅灰色用以表现饯送花神时心中的不舍与伤感之情。整体色调清新自然中略带怀念之感。②干麦穗、草编蚂蚱作为茶席点缀，再次突出芒种季节特点。尤其在花器旁放置“花桥”点缀，突出“饯”与迎、惜别与盼望。③又选用整套白瓷粉彩手绘桃花茶器，虽然花期已过，但美丽的花儿在茶器上始终娇艳地绽放着，永远地铭记在人们心中。

思想表达 《红楼梦》中，在芒种这天，大观园里的女子都要设摆各色礼物祭饯花神，或用花瓣柳枝编成轿马，或用绫锦纱罗叠成干旄旌幢，都用彩线系在树上或花上。该茶席中，以小花轿（花神的交通工具）、彩线绣物（赠予花神的礼物）为祭品，焚香，效仿古人的祈福活动。

古人心中，芒种一毕，花神退位归命，司待来年。在四季轮回里留情而去，有信而来，这正是人生之道。

赏析

《一盏清茗饯花神》，以花朝而言芒种，以芒种毕而言花神退，虽隐隐有“不舍与伤感之情”，然而对四季轮回的感怀之余，更有豁达与对新生的期待，可谓独具匠心。茶席因此而定，显得颇为从容与安然。在茶席两端，分别以花轿与麦穗昭示季节与主题，其间的茶具，洁净而平和，布局灵动而聚散有致。特别是以草席铺垫打底，与席面中的诸多元素构成一个整体，更有一缕乡间的清新，对主题的渲染和深化起到了重要作用。

创作：杨婧煜　赏析：于良子

二 竹下清饮

摘要 在都讲究便捷、高效的当下，快节奏生活的我们，反而更向往古人或闲庭信步，或小酌一杯的悠闲自得。暑气消散，月上竹梢，仿效古人庭前竹下纳凉，布一方茶席，邀清风明月共饮。

作品主题 纳凉竹林下，邀清风明月，共饮清茗。

创新点 桌布选用白绸、绿绸相叠，宛如皎洁的月光，温柔地照向竹林；以石砖为承，主泡器紫砂壶置于其上；3个手工白瓷杯，瓷质细腻，胎薄透亮；一个白陶煮水炭炉，安静清爽；一盆修竹盆栽，月光下竹影横斜。一杯清茶，清风明月，静心感受自然的美好。

思想表达 如高骈的《山亭夏日》："绿树阴浓夏日长，楼台倒影入池塘。水精帘动微风起，满架蔷薇一院香。"静谧的夜晚，暑气消散，月上竹梢，旁侧绿竹抽枝拔节，于清风中摇曳，效古人庭下纳凉，布一方茶席，邀清风明月共饮。趁水沸，轻执几片白茶入碗，一杯润喉香，二杯消暑闷，三杯体轻盈。清风拂面，说不出的舒爽，所有的感官也在此时变得灵敏。细闻风竟是香的，是竹叶淡淡的清香，还有墙角蔷薇花的芬芳。耳边没有了嘈杂，唯有月下竹影横斜，清风蝉鸣，真实美好……

极简的席面，又有耐人寻味的美感，实属不易。通透与简洁的席面，在溽暑时节，视觉上就令人清凉了几分；素席两张，一支嫩竹一片砖，也颇具质朴素雅的气息。盆栽竹叶生机盎然，用为点缀，为全席增添了生机，但伸出的竹枝若能错开杯口更佳。以枯枝替代茶匙，虽简朴，然略显将就。此外，布席场地还需考虑到实用，否则，席主将无处可坐。

创作：吴玉梅　赏析：于良子

三 芒种·安苗茶

摘要 芒种·安苗茶是感恩的茶、感谢的茶、感动的茶，感恩天地风调雨顺，新麦获得丰收；感谢先辈传下按节气耕作的农业技术，芒种时节同时进行收麦与插秧；感动我们自己顺应时节抢收抢种，在梅雨季到来之前，完成插秧与收麦，收获劳动成果的喜悦。芒种时节的安苗祭祀是民间农业祭祀活动之一，该茶席借鉴安苗祭祀习俗，结合当今人们日常饮茶的习惯，让那些准确把握了农事天时，并经过紧张忙碌的人们安顿身心，并祈求丰收。

作品主题 芒种·安苗茶，给准确把握农时、辛苦劳作的人们以身心的安顿。

创新点 茶席采用独立空间设计，人们可以将这款茶席用于室内或户外。主基调为《千里江山图》青黄相接色调。以《千里江山图》为席布，采用高脚陶盘盛装，以新麦面粉做成的花色点心；茶器采用甜白瓷瓜纹杯和有年代沉淀感的紫砂壶；插花选用麦穗和秧苗；座椅靠垫采用与茶席布的颜色相同的基调。

思想表达 二十四节气是中国古人根据太阳在赤道上的位置来设定，用于指导农事的一系列时间表，并与天干地支和阴阳五行配套，成为中国传统哲学思想体系的一部分，大致形成于春秋战国时期，深刻地影响着中国人的日常生活与情感表达。

芒种时，我国南方的大部分地区抢收抢种。播种与收获一阴一阳，本该有春种秋收的时间差距，如何协调阴阳，祖先留传下来的安苗祭祀即是方法，表达了对秋收的祈愿。

安徽淮河两岸及皖南地区芒种时节，人们收麦插秧，抢收抢种，谷物及时归仓，秧苗及时入田，在这些繁重的农事劳动之后，人们围坐茶桌，安顿身心；总结收成，凝聚人心；祈愿秋收，不忘初心。本席意在呼唤中国传统哲学思想在生产和日常生活中的回归，以令现代人的生活顺应天时，更自然健康。

赏析

用青绿山水《千里江山图》作席布，以色彩语言表达主题，不失为一个好的设计思路。从前，芒种是个“青黄不接”的时节，农家是最难过的，如果遇上自然灾害，往往会有不测。宋代韩淲《芒种》中有“栽匀明日问青黄，惜水修塍意更忙。少候根中新叶出，又看晴雨验朝阳。”可见，“安苗”二字已足以表达对丰收的祈愿。茶席虽然表达的是安徽淮河两岸及皖南地区的习俗，但在祈祷“风调雨顺”上，则对民生具有普遍意义。

该茶席采用主次两个案几共同表达主题，两者采用立体实物（麦穗、青苗）与平面图像（《千里江山图》）的呼应方式，形散神聚，构成一个整体。茶席中的茶具配置恰到好处，唯独圈椅在表现农家的生活生产上稍感“富态”了一些。

创作：张舢瑶　赏析：于良子

四　夏至

摘要　夏至，是阳光充裕、雨水充沛的节气，水草丰茂、郁郁葱葱，荷塘中莲花朵朵。茶席“夏至”以绿色为基调，荷花为点缀，使用浅绿素锦铺垫、米白桌旗，以同款式靠枕与之呼应，三者相辅相成，营造出夏至荷塘美景。茶具同样以荷花点缀，杯子上的图案从花苞、花朵到莲蓬，寓意生生不息。

作品主题　夏至，炎炎夏日，天上清凉。

创新点　①浅绿色桌布和米白色桌旗营造出整体感，桌旗上绣荷花，突出了夏日主题，同时，使用了与桌旗同样款式、图案的坐垫和靠枕，使得茶席有整体感；②茶杯、

水盂、干泡台呼应主题，特别是茶杯，六个杯子款式相同，图案从花苞、花朵到莲蓬，寓意了生命的生生不息；③黑色杯垫上放品杯，寓出淤泥而不染；④夏至之后是最热的“三伏天”，选择扇子做装饰，一把扇子，一壶清茶可驱逐炎热、消减烦闷。

思想表达　夏至，对于北半球的人来说是一年之中白昼最长、黑夜最短的一天，夏至之后太阳直射地面的位置逐渐南移，北半球的白昼逐渐缩短，喜阴的植物开始生长繁殖，而喜阳的植物却开始衰退，权德舆《夏至日作》诗云：“璿枢无停运，四序相错行，寄言赫曦景，今日一阴生。”阳极阴生，阴极阳生，是大自然天道之呈现。一杯清茶，一席凉风，阴阳平衡、顺应自然，与天地自然相和，是最佳的为人处世之道。

赏析

席面很洁净，没有过多的元素，只用荷花与折扇聚焦于“夏至”这一节气。荷花是大自然催生的结果，折扇是世人传统的降暑工具，两者同框，既有“映日荷花别样红”，也有“凉生风露”艺术美感。椅子靠垫和桌旗的绘画图案与实物荷花的映衬，体现出虚实相间的手法。在表现方式上，该茶席的空间感和整体的审美效果很好。但如果从茶席的功能性方面考虑，还可以在“茶与水”的表达上再着笔墨。

创作：朱琦　赏析：于良子

五 星河闪耀 清茗夏至

摘要 茶席用黑色铺垫打造了一个深邃的夜空，琉璃茶器代表了小行星，银色渐变蓝色叠铺的桌旗把银河的璀璨表达得淋漓尽致，七个蓝色的品茗杯在银河旁排成北斗七星，斗柄朝南，告知夏至的开启。

作品主题 星河闪耀，清茗夏至。应天之时，载地之气，实现人与自然、与茶和谐沟通。

创新点 日长之至，日影短至，至者，极也，故曰夏至。古人观星象，根据北斗七星在不同的季节和夜晚出现于天空不同的方位，根据初昏时斗柄所指的方向来判断季节。斗柄指南，天下皆夏，夏至到来，夏季星空星河烂漫。仰望星空除了令人产生浪漫的情愫以外，还有对外太空无限的遐想。

①主泡器选用柴烧壶，金箔公道杯是整个主题风格中最跳脱、最耀眼的颜色，陶瓷材质的7个蓝色品茗杯摆成北斗七星，斗柄朝南，告知夏至到来；茶则、茶仓、盖置、茶拨、壶承，都选用琉璃质地，晶莹剔透，如同夜空中闪烁的繁星；花器是灰蓝色陶罐，瓶口的一抹金属色，像落入人间的一块陨石。②一枝藤蔓低垂，却又力争向上，蕴含了生命的张力。③铺垫采用叠铺式，底铺黑色丝绒，代表浩瀚夜空；叠铺用银色渐变蓝色，寓意银河璀璨。④茶席背景是星空，蓝色基调的宇宙浩瀚，令人无限遐想。⑤背景音乐选用了轻音乐《从白天走到黑夜》，可以感受到夏夜的星空下，溪流潺潺，虫鸣声声，如此的美好和谐。

思想表达 该茶席以星空的神秘色彩及金属质感，表达艺术无止境，茶艺工作者传承传统文化之外还要保持不断探知未来，以及勇于创新的活力。

看似景虚，意境为实，意悠远，境深邃。困知勉行，修身勤习！

赏析

辛弃疾《西江月·夜行黄沙道中》一词："明月别枝惊鹊，清风半夜鸣蝉。稻花香里说丰年，听取蛙声一片。七八个星天外，两三点雨山前。旧时茅店社林边，路转溪桥忽见。"茶席表达的思想虽然不完全是稼轩词意，但多少能勾起"明月别枝惊鹊，清风半夜鸣蝉"和"七八个星天外，两三点雨山前"的意象。黑色铺垫、银蓝渐变桌旗、七只品茗杯以及金箔公道杯构成了仲夏之夜的意境。以夏至为题，采用色彩、器物组合映衬，以天象、物候抒写人与自然的和谐之美，是这件作品的看点。

创作：王艳洁　赏析：于良子

六　消暑浮生记

摘要　大暑，是一年中最热的时候。酷暑的光照与温度，转化出生命的神奇：莲的花、叶、子相伴相生。消暑荷花茶，为生活添雅致。

作品主题　大暑节气，酷暑时茶人平静、雅致的生活。

创新点　主题落脚在茶品、茶具、铺垫、插花、背景及音乐各个方面，尤其在茶品和铺垫选择上有创新之意。①茶品。将具有清热解暑、生津止渴功效的天目湖白茶用新鲜荷花进行窨制，既符合“夏饮绿茶”的四季饮茶规律，又以荷花茶的自制作为消暑雅趣，表达了主题。②铺垫。白色底布、绿色锦丝和烫金珍珠纱绣花三层铺法奠定了茶席的主基调，区别于传统棉麻材质的朴素之美，用来分割泡茶区域与品饮区域，营造出“散热有心净，凉生为室空”的清凉、浪漫意境。③银壶，锡质茶叶罐、茶则（茶针），荷花装饰白瓷杯等茶具材质协调、色调一致。④荷叶、荷花、莲蓬构成微型荷园图。

思想表达 大暑是二十四节气中第十二个节气，虽是至热之时，却也意味着暑去秋来。沈复《浮生六记》中写道："夏月荷花初开时，晚含而晓放，芸用小纱囊撮茶叶少许，置花心。明早取出，烹天泉水泡之，香韵尤绝。"荷花茶虽不是芸娘首创，却因她而广为流传。

白居易的《消暑》"何以消烦暑，端居一院中。眼前无长物，窗下有清风。"构筑了一副院中檐下品茗的意境。该茶席描述了大暑酷热时茶人平静、雅致的生活意境——"热散由心静，凉生为室空"，表达了茶人热爱生活、拥抱生活、追求美好生活的情操。

赏析

这是一方将"荷与茶"题材用得比较出色的茶席。不仅有实物荷花与莲蓬的点题，还有品茗杯的图案，水盂的荷花造型，细节处理和元素调度，称得上用心良苦。特别是化用历史记载方式，将家乡的茶窨制成荷花茶，实物呈现，也不失新意。切题，切时，切意，形式与内容相统一，构成了较为完美的作品。

创作：许艳　赏析：于良子

第三节　赏秋观汤戏

“春种一粒粟，秋收万颗子”，秋天是收获的季节。“一年好景君须记，最是橙黄橘绿时”，秋天也是五彩斑斓的美丽季节。秋天，天气由炎热转为寒凉，节气有立秋、处暑、白露、秋分、寒露、霜降。秋天适合饮用的茶类很多，茶席的色彩可以丰富多彩，取材也非常广泛。一叶落而知秋，一场秋雨一场寒，秋天的茶席令人感觉一丝眷恋，一丝惆怅……

一　秋思

摘要　杨花落尽，枫叶似火，当阵阵凉风吹进人们心田时，秋姑娘带着礼物，迈着轻盈的脚步来到了我们的身边。秋的歌声像流水的倾泻，像踏雪的回音，秋曼妙的身姿如雪花般飘飘洒洒，如柳絮般迎风起舞。秋姑娘带来的珍贵礼物便是这五彩缤纷的落叶。

作品主题　“落红不是无情物，化作春泥更护花。”落叶无边，秋思无限。

创新点 ①茶席以棕色竹席为铺垫，它代表大地的色彩，让人感受到泥土的芳香。②枯叶散落于一侧，与干枯的莲蓬预示秋天的到来。③采用颜色丰富的茶器，让人联想到秋天五彩缤纷的落叶。④坭兴陶的烧水壶置于席上，古朴典雅。⑤花器中的绿萝代表希望和生命。秋，这个承载着生命与希望的精灵，带着收获的芳香和诱人的金黄来到了我们的世界。

思想表达 满地的落叶，给大地铺上一层金黄。时间长了，落叶便深埋泥土之中，待来年，给大地最充足的滋养。“落红不是无情物，化作春泥更护花。”这是叶宿命的开始，它的美，不再是枝头的繁茂，而是化作献给大地最无私的爱，承载着希望和生命！

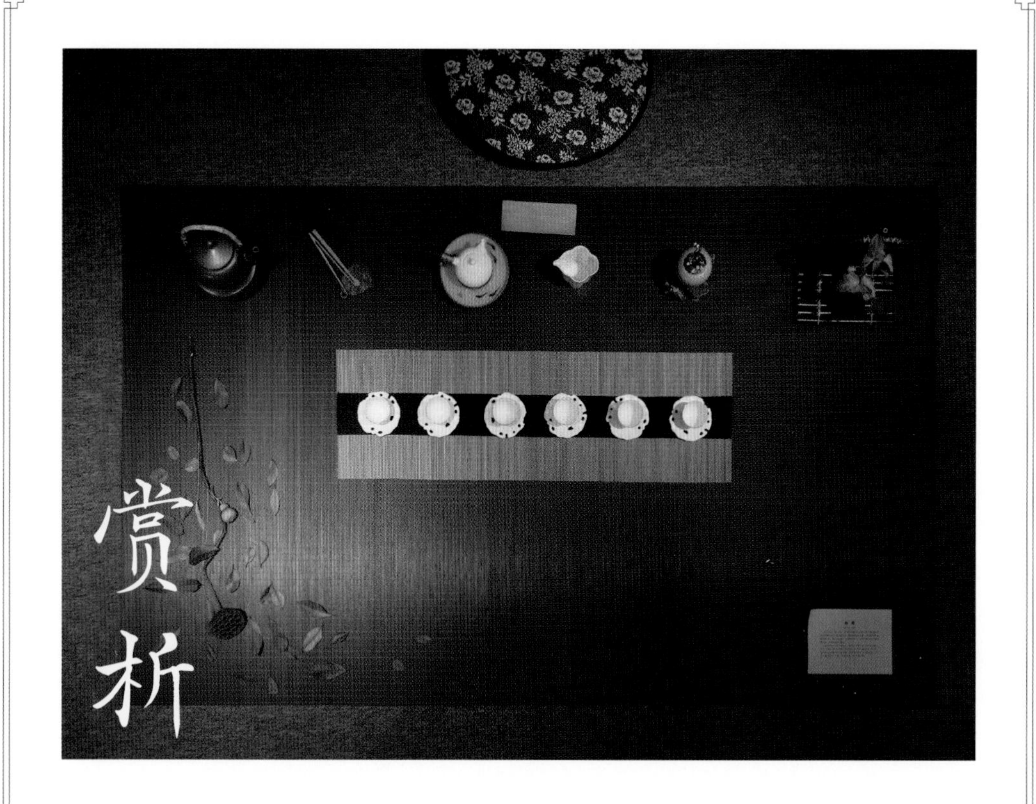

赏析

“落红不是无情物，化作春泥更护花”，作为一个比较普通的题材，作者在选用器物上，点点滴滴都能落实到对主题的阐释。

棕色铺垫、枯叶和莲蓬，颜色丰富的茶器、绿萝，一枯一润，表达了秋的成熟、收获、生命与希望，提升了主题意义的丰富性和积极性。至于茶品的使用，古树白茶的自然古朴风格及自然萎凋的加工方法，与主题有较紧密的联系，由此而言，作者在茶席元素的选择上是用心的，在茶席元素的运用布局上，也比较干净有序，如落叶与绿萝的对角枯荣呼应等。

茶席色彩统一中的变化尤显用心，棕色的主基调上，运用坐垫与席布上的藏青色形成人与席的色彩呼应；在大幅的棕色底色中间，一组五彩茶杯，呈现了沉着中的风采，艳而不俗，很好地突显了主题的意境，是为点睛之笔。

创作：吴斌　赏析：于良子

二 一叶知秋

摘要 普洱生茶适合立秋时节饮用，绣有金黄色银杏叶的宝蓝色桌旗寓意秋收，野浆果与莠草，一木一草展现秋的韵味，一叶知秋，如生活中我们有更多的觉知该多好啊！

作品主题 立秋时节，一叶知秋。

创新点 ①茶品与季节的融合。普洱生茶茶汤色泽金黄明亮，香气清绵悠长，滋味甘醇爽口，适合立秋这个气温多变的时节。②茶席、茶器具、茶汤色等色调的搭配与季节的融合。简素的瓷茶具，在夏末秋初之际，如一股清风掠过，顿感清凉与洁净。宝蓝色

的桌席与金黄色的茶汤，告知秋天的来临，金黄色银杏叶的点缀，表达我们在以欢喜的心等待季节的更迭。③“一叶知秋”插花。立秋代表性花材有很多，选择野浆果与莠草，一木一草都传达着秋的韵味。

思想表达　《淮南子·说山训》中有“见一叶落而知岁之将暮。”唐人有诗：“山僧不解数甲子，一叶落知天下秋。”自然现象能启迪人的智慧，工作中防微杜渐，生活中有更多的觉知。我们好好地走路，认真地过活，在生活中觉知，在觉知中生活。

赏析

茶席以秋为题材的已经不少，而以“叶落知秋”作为主题且能提升到一定高度的尚不多见。从一叶之中见微知著，悟得工作的道理、生活的道理、人生的道理，当道理具有了一定的普遍性，即成为哲理，几近于“道”。中国人慎于言“道”，因为中国人深知“道”的普遍性。秋叶如此，茶，亦复如是。唐代诗僧皎然早就说过：“孰知茶道全尔真，唯有丹丘得如此。”如能从落叶之中，见得秋意，见得春意，见得生命的轮回，从而“好好地走路，认真地过活”便是证得了菩提。

一杯茶也好，一碗水也好，看了品了，使人能有点滴的心动或若有所思，便是有意义的，茶席亦然。

创作：贾宁燕　赏析：于良子

三 五谷丰登

摘要 以土黄和米色为主色调，选用土陶茶具，五个茶杯分别表示“稻、黍、稷、麦、菽”五谷，以五谷为铺垫、装饰。喝下五杯寓意着丰收的茶，来年一定五谷丰登好收成。

作品主题 庄稼人祈盼来年五谷丰登。

创新点 ①整体色彩以土黄和米色为主，桌布为米黄，更好地衬托出器物。黄色系搭配，让人联想到丰收的景象。②茶具选用庄稼人常用的土陶。选用五个茶杯分别表示“稻、黍、稷、麦、菽”五谷，第一杯为“稻谷飘香茶”，第二杯为“穰穰满家茶”，第三杯为“硕果累累茶”，第四杯为“麦秀两岐茶”，第五杯为“岁丰年稔茶”，喝下五杯寓意着丰收的茶，来年一定五谷丰登。③用五谷铺制而成的铺垫，饰以稻穗、土陶花瓶上的“丰”字把主题表达得淋漓尽致。

思想表达 庄稼人对自然非常崇拜，认为山有山神、火有火神、水有水神、茶有茶神。茶是大自然赐给庄稼人的灵物，金秋时节，泡上一壶茶来表达丰收的喜悦之情，以茶表达庄稼人对丰收的祈盼。丰收是庄稼人最直白的愿望，最真切的诉求与祈盼。

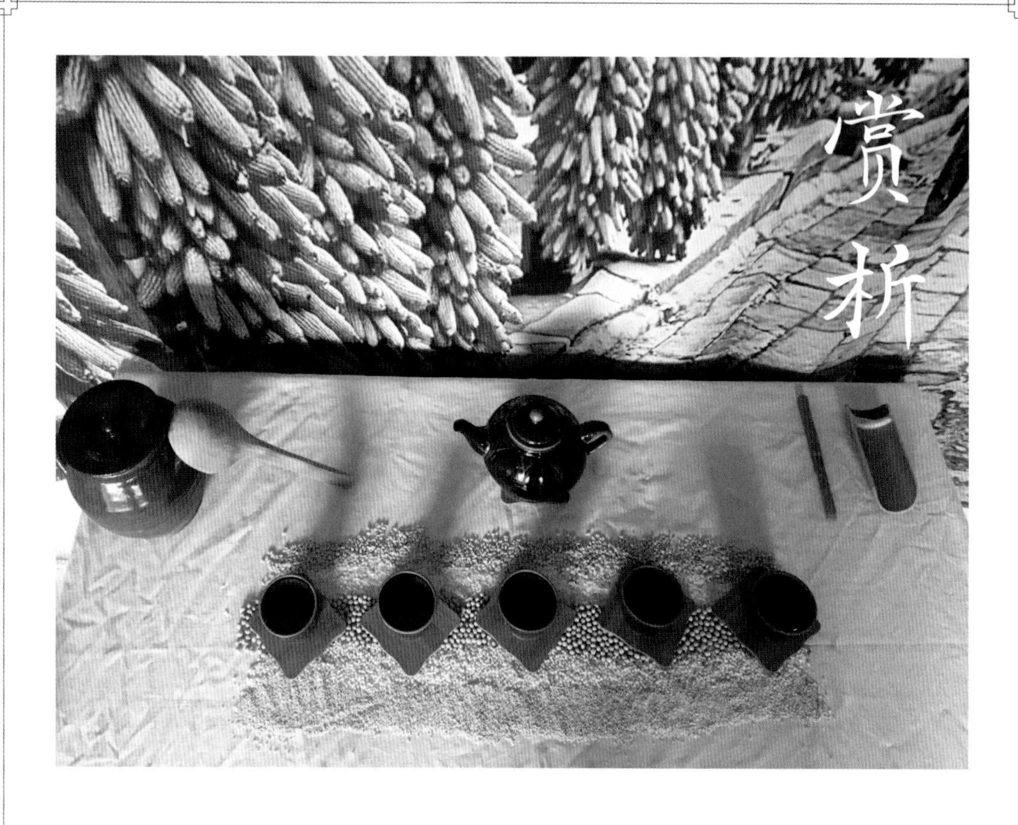

开门见山，看似“简单粗暴”，却不失坦荡与豪爽。这样直白表达的作品，在茶席中属于稀缺品种，一半是因为难，一半是因为怕。而难是怕的主要原因。怕啥？怕人说不雅。此席有这份胆气，可以说难能可贵。

《五谷丰登》，传统题材，平时多用在年画上，色彩饱满、形象夸张，主题突出，丰收的赞歌是对劳动者的礼赞，也包含着对来年的祈盼。在具体素材选择上，用茶和“稻、黍、稷、麦、菽”寄托农人对生活的美好理想。在席面和背景构图布局和色彩的运用上，都处理得比较清晰大气，用陶质茶具的形制粗犷，与五谷排列的规则细腻形成一定的对比，但同时两者又有内在精神的贯穿，显得淳朴又有韵味。雅俗之别，于形式而言，似在于文质之分，就内在主旨而言，则在于是否具备有价值的令人回味之韵。形俗而韵雅，以大俗达大雅，其难度大概就在于此。

创作：谭慧　赏析：于良子

四　深秋

摘要　又一场秋风秋雨过后，担心秋就这样不辞而别，拾一些被风吹落的叶子、果实带回来装点着茶台，沏一壶菊花普洱茶，来温暖整个季节。秋虽已晚，但未走远，不知不觉中，我深深地恋上了这深秋。

作品主题　寒露节气，走进深秋。

创新点 树是有灵性的，春的萌芽，夏的茂盛，秋的浪漫，冬的硬朗。出于对树的敬仰，茶席背景以树干为主体，树叶为衬托，绚烂的叶片为点缀。席面上火红的柿子和装着暖色茶汤的树干纹理玻璃杯成为亮点。整个画面令人感受秋天这个季节的坚忍、柔美、包容和神秘。

思想表达 一年又一年匆匆而过，蓦然回首，已人生过半。记得小时候总是觉得夏天太短，留不住夏荷蛙鸣、小草绿茵，温暖的阳光雨露，总是怕改变，怕四季更迭。然而，渐渐发现了秋天的美轮美奂，秋的果实色彩斑斓，花生、玉米满仓，柿子压弯了树干。

这个季节，带着秋凉，写下思量。秋是季节凝成的水珠，从姹紫嫣红，到枝繁叶茂，经历了春夏的忧伤，静静走向沉寂，将忧伤凝结成你眼中的菊黄。秋深了，人未央。有了沧桑，枯草暗藏。端起茶杯，品饮着杯中陈年普洱，加入刚刚友人寄来的婺源菊花，道不尽的凡尘往事，数不尽的情怀在流淌。不知不觉中，懂得了人生不会圆满，学会了随遇而安。

秋，历来属于两个世界：一个是丰收，一个是悲寂。以秋命题，有些为难了茶。

鲁迅先生虽然曾在《喝茶》中批评过“悲秋”的文人们，但他自己也常为之所动，尤其是在内心矛盾、痛苦之时。1924年9月，他在《秋夜》开篇中说：“在我的后园，可以看见墙外有两株树，一株是枣树，还有一株也是枣树。”“枣树，他们简直落尽了叶子……他知道小粉红花的梦，秋后要有春；他也知道落叶的梦，春后还是秋。”这种孤寂悲凉的气氛，应是作者当时处境和心情的写照。

茶席作者采用了两个细节：一袋收拾了的秋叶，隐藏在水盂中；席面上有两个果实，一个是柿子，另一个还是柿子，在席上分外明显。一隐一现。收拾的或是落寞忧伤的过往，彰显的却是浪漫火红的期望。凡人都有两个世界，难得作者用茶席诠释了它们。

创作：张雪　赏析：于良子

五 农闲

摘要 以地果红枣缀之，稷谷山石伴之，沉静隐于桑叶，清香始自流年，俊逸源自秋苍。篱笆墙内，故友三五相伴，沐暖阳，聊家常。沏茶自饮，酣处意起，结群行将军令。

作品主题 秋收过后，适农闲，揽茶寻亲访友。

创新点 无论文人茶席的高雅精致，还是大碗茶摊的简便朴实，皆是我华夏文明的客来一盏茶。茶诠释着礼仪之邦的文化传统。平日看惯了文人雅席的精美，今日我们来看农家的侍客之茶。

茶席用具选自农家日常使用的大茶壶、小酒盅，以丰收之果实加以点缀，简便、朴实。体现的不是华丽，而是人情。

思想表达　秋收过后，农闲。劳作辛苦了一季的人们有了更多的串门交流的时间，三五好友围坐农家小院，晒着太阳沏上一壶自家晒制的老白茶，喝着茶，聊聊家常，丰收的喜悦写在脸上，他们以最平凡的方式庆丰收、盼来年。

赏析

农家小院，因地制宜布个茶席，算是忙里得闲，享受片刻的自在。可以感知作者想体现的农家人粗茶淡饭的平凡生活，场景亦不失温暖。

作品在器物配置时，主观上有选用风格朴实的材质与形制的概念，以大缸与竹匾组合为茶桌，青花红釉的瓷壶与茶杯，茶点则是枣儿、花生这样农家常见的果实。茶是老白茶，茶巾是土布的，热水源自竹壳的暖壶，没有公道杯，反倒是显得农家生活的旷达真实，没有靠背的小板凳也让人有种“吃了茶，东事西事”的生活乐趣。大背景是农家小院，茶席周边放置了一些物事来烘托“农闲”之趣，体现了作者的用心。

创作：任旭明　赏析：陈云飞

第四节 设茗听雪落

“寒夜客来茶当酒，竹炉汤沸火初红”，这是南宋诗人杜耒《寒夜》中的名句。冬天因为有茶而变得格外温暖。冬天，气候由冷到寒再到严寒渐变，节气有立冬、小雪、大雪、冬至、小寒、大寒，其中的冬至在我国很多地区既是节气，也是一个特定的怀念已故亲人的祭祖时节。在民间以茶祭祖由来已久。

一 冬至·思安

摘要 冬至兼具自然与人文两大内涵，既是自然节气，也是传统的祭祖节日。冬至大于年，家人围炉喝安茶，唯独缺一人。“子欲孝而亲不在”，喝一杯安茶，纪念逝去的母亲。

作品主题 冬至，思安，借一杯安茶，纪念逝去的母亲。

创新点 ①舒婷曾在《呵，母亲》中提到“母亲留下的鲜红的围巾，怕浣洗会使它失去你特有的温馨……”用母亲留下的围裙、母亲生前戴的平安符佛珠，以及母亲喜欢吃

的小橘子作装饰，表达对心地善良、勤俭持家的母亲的纪念。②选用西施紫砂壶为主泡器，感谢母亲的哺育之恩。③一缕檀香飘远方，传递女儿对母亲的祭奠。④一盏暗绿色油灯闪光芒，寓意不管前方人生路有多么艰难，那盏母爱之灯永远照亮儿女们前进的方向！⑤选用大雪压瑞竹的茶席画面，以示希望，冬天来了，春天还会远吗？⑥选用的安茶属于黑茶类，适合冬至节气饮用，泡上一壶安茶，看茶叶冲水后起起落落，心底涌起感动，恰似女儿对母亲的思念。

思想表达 孝顺是中华儿女应有的美德。常回家看看，多陪伴父母，莫等子欲孝而亲不在时后悔莫及。以该茶席纪念母亲，祝福天下父母安康。提示天下子女应珍惜当下、孝敬父母。

赏析

冬至是个怀念先人的特殊时节，以此为题，哪怕是一页素纸，都是沉甸甸的。作者以怀念母亲为切入点，导入中国孝的传统美德，立意很高，具有一定的典型意义。

茶席艺术需于有限的容积中，表现丰富的内涵，势必要求微小中见宏大，简约中求丰赡。该作品文案写得非常详细，所有器具都发掘了与此相关的主题元素。落实在茶席上，构成比较简约的风格，尤其是香、烛共案，具有标志性的主题指向。同时，全席格调的明丽、明净、明快，更为追思怀念之情赋予了一层积极生活的色彩，而这又何尝不是先人们的期望呢？

创作：孙蕾 赏析：于良子

二 梅雪相和

摘要 雪映疏影卷旧梦，茶暖心神转春风。茶席上梅花九九图，淡淡茶香，茶人借茶言情，“故人万里，归来对影。口不能言，心下快活自省。”

作品主题 梅雪相和暖茶香，茶人情重意蕴高。

创新点 雪，带给人纯洁、剔透、冰清的感触；梅，常被赞有坚强、高雅、忠贞的风骨；茶，更有回味之象征。浪漫的中国红，弥漫着浓得化不开的积极入世情结，如一条丝带，在雪景的静谧、简洁的茶器、茶人的专注中欢呼跳跃。

茶人独品于雪境。见茶席上，梅花九九图，余寒尽，暖初回；闻茶香时，淡淡不惹尘，入颦眉，意相亲；品茶时，对面虽无人，心中却有情。雪、茶、茶席的颜色相应，共同映衬了茶人心中美好的向往，将口不能言之味，变成人人常有之情，正与宋代黄庭坚《品令·茶词》的意境相和。

思想表达　雪白、梅红、人静守，心下快活茶中暖；雪静、茶动、中国红，席上梅花雪映时，岁寒心事茶相知。

赏析

白茫茫一片寂静的大地上，作者设一茶席独饮于此，独与天地精神往来，“独饮曰神！”那一片白色中，闪烁的一点红，是寂静中的艳丽，是作者心中的热血、希望和快乐。该席意趣正如宋代著名词人黄庭坚的《品令·茶词》：

“凤舞团团饼。恨分破，教孤令。金渠体净，只轮慢碾，玉尘光莹。汤响松风，早减了、二分酒病。

味浓香永。醉乡路、成佳境。恰如灯下，故人万里，归来对影。口不能言，心下快活自省。”

创作：马冰心　赏析：周智修

第七章 借席言情

人是万物之灵。《尚书》中说，『唯天地万物父母，唯人万物之灵』。先秦的儒家思想家荀子曾经把天地万物分成四类，他说：『水火有气而无生，草木有生而无知，禽兽有知而无义，人有气、有生、有知，亦且有义，故最为天下贵也。』（《荀子·王制》）。在中国传统文化中，天地人并称为天地人三才。西方戏剧家莎士比亚在其著名的剧作《哈姆雷特》中写道：『人是宇宙的精华，万物的灵长。』一个人心中如果播下了真诚、善良的种子，美的源泉就会常留驻心中。人有七情六欲，我们可以借茶席表达感恩之心、思乡之情、想念之意……

第一节　恩情似海

中国没有感恩节，但在中国的传统文化中，感恩报恩一直被人们所提倡，一些关于报恩的历史人物、历史故事也一直被人们所铭记，“晋文公退避三舍”“韩信千金报一饭”“伯牙绝弦”，这些都是流传千古的关于恩义的典故。明朝《增广贤文》中道“羊有跪乳之恩，鸦有反哺之义”，《左传》中有“衔环结草”等，都是古代报恩的传说。“谁言寸草心，报得三春晖”“新竹高于旧竹枝，全凭老干为扶持”“滴水之恩，涌泉相报”……这些古代诗词、俗语蕴含了朴素的感恩思想。养育之恩、师长之恩、知遇之恩，感恩文化是我国传统文化的重要内容，它流淌在我们民族文化的血液里，渗透在我们民族性格和行为中。

一　纺车的故事

摘要　一台纺车抚养我妈妈长大；一杯缙云黄茶，表达我对外婆的敬爱和感恩。一丝一缕一杯茶，传承着我们家的家风——勤劳、纯朴和善良……

作品主题 沏一杯缙云黄茶，表达对外婆的敬爱和感恩之情。

创新点 茶席格局上采用“远”“中”“近”景相融合的手法，三种景别的构图相对独立又互相呼应。①背景为远景，也是文化坚守的一个“引子”，高远宁静的泼墨山水，有时代感的老房子，黑白分明，那年代虽久远，却似未曾离开。②茶席为中景，是文化坚守的“内核”。纺车、丝线、梭子、竹丝排片、土青花茶具……把一个时代的生活缩影融入其中，面对着欣赏者的思绪可以飘移到那纯真的生活时代。③叠放的手工土布为近景，是文化坚守的“延续点”，土布叠放形态生动，素洁，含蓄，不张扬，一瞬间使人读懂。

思想表达 追忆纺车和一杯缙云黄茶，以乡愁、亲情为魂，众多热气腾腾的元素洋溢着强烈的生活气息和泥土芬芳，叙说着文化坚守与家风传承。

小时候，两鬓花白的外婆戴着老花镜，躬着腰，布满老茧的双手不停地在纺车上忙活着。纺出的线穿梭在织布机上，咯吱咯吱，织布机没日没夜地响。那个年代生活艰苦，外婆把好吃的、好穿的都留给孩子们，靠着那一台织布机抚养我妈妈六姐妹长大成人。每逢赶集，外婆总是天没亮就提着织好的布到集市上去卖，天黑了才回来。常看到外婆背上的衣服被汗水渗透，嘴唇干燥，气喘吁吁，瘫坐在竹椅上。那时候，我就会泡一杯本地的黄茶给外婆解渴，帮外婆赶走一身的疲劳。

外婆，我想您了！这是我们老家的缙云黄茶，敬献给您——我亲爱的外婆，请您喝杯茶！

以情景重现的方式，表达对长辈生活的追忆，以表达感恩之心，进而传达出中国传统孝文化和对勤劳奋斗精神之礼赞。

茶席中的元素，大多可引发出特定的意象。纺车上的丝丝缕缕，串联着岁月与思念；纺车吱吱嘎嘎的响声，是辛勤劳动的喘息；纺车下的层层土布，是收获的劳动成果；纺车后的古民居背景，呈现出一种似水流年的历史厚重感和深邃感；而纺车前的那盅茶，正是所有人、事的见证。作为自创茶席，其“立意新颖，富有内涵，具有原创性、艺术性”这几点是到位的。

有了上述几点故事性实景的呈现，欣赏自然会从实景转为对文本的阅读要求，而文本的阅读又反过来会令观者加深对茶席及其时空的理解。文本与茶席，正如一车纺线那样，紧密关联，茶席各要素整体性的有机结合，也加深了作品的视觉感和思想性。相辅相成，相互印证。这一点，是该作品的突出亮点。

创作：陈俊羽　陈霞　赏析：于良子

二 奶奶

摘要 孙女凌晨四点出门上学，奶奶不放心孙女一个人上路，便硬要陪伴，孙女心疼老人，不同意送学，奶奶便悄悄推着自行车跟在孙女身后！凌晨的夜空黑的令人发抖，宁静得让人不敢呼吸，然而，一阵响声远远传入孙女的双耳，熙啦熙啦——正是由远及近的自行车链的声音！在孙女回头的一刹那，奶奶“不敢”直视孙女，用帽檐遮住额头，脸缓缓转向另一侧！无尽的心酸，红润的眼眶，重石般压抑的内心……这是无尽的爱！以翠玉乌龙为茶品，以“奶奶”命名茶席，表达对奶奶的爱与思念。

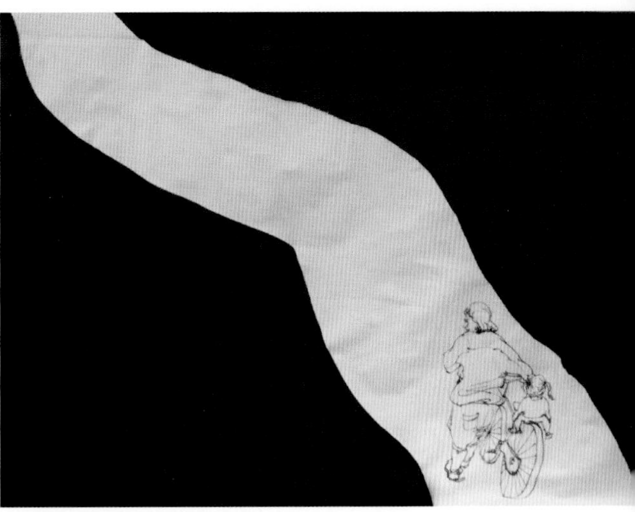

作品主题 奶奶的爱如茶般，无私蕴香；如天空般，包容博爱！

创新点 ①藏蓝桌布与曲形亚麻桌旗代表着黎明夜空、银河系：画有奶奶背影的桌旗设计，代表曲折、无限延伸的小路、银河，寓意奶奶抚养孙女的不易与无私。②壶承下的手绘——奶奶双手；茶代表了孙女的一片天，那苍老的满是裂口的双手在孙女最困难的时候，为孙女撑起了一片天；茶器选用家中使用十几年之久的红泥壶组，虽非名贵，但实用且被倾注了无限的情感。③背景取材自幼时居住的窑洞之窗，望月思乡！茶品：存放20年的翠玉乌龙。

思想表达 20年的成长历程，奶奶无时无刻不陪伴在我身边。奶奶名叫翠兰，朴实善良。

黎明前似墨而蓝的天空下，疏星皎月，路灯下，孙女背着书包，身材瘦小，奶奶“蹑手蹑脚”，悄悄陪伴！

孙女有自己的追求与梦想——习茶，身边只有奶奶一如既往、无条件地支持她去追寻心中的茶梦！在孙女心中，奶奶便是她的银河系，虽然现在为追梦不在奶奶身边，但思念常常在祖孙心头萦绕。

通过以“奶奶”命名之茶席，表达了孙女远在他乡对奶奶无尽的爱与思念，更表达了隔代亲人之间的亲情与关怀，表达了晚辈对长辈的感恩之情与孝道之心。

温馨的回忆，往往来自一个生活的片段，尽管这个画面有点简单甚至有些单薄，但与某些茶艺主题日益空虚化不同，该茶席切入的角度具体、细腻且有温度。茶席上的茶具既是实用器，也是一种意象的表达，一把老紫砂壶代表了时间的跨度；背景窗的设置，丰富了立体感的同时，也体现了地域指向。相比而言，作者更着意于“路”及路上人物的呈现，全席的重点在于“路”的铺垫与表达，而在曲折、水平与垂直的变化中能够体会作者对主题表现的用心。

全席所用元素不多，红泥素布，略见简陋，稍感冷寂，但含有余温。若以更高的标准来衡量，主题表现尽可能使用茶席语言，而尽量少地依赖文本解释。因此，在茶席的元素构成上还可作进一步推敲。

创作：薄佳慧　赏析：于良子

三 石榴熟了

摘要 浮生如茶，浓淡皆宜；本心如初，从容前行。于繁华大千世界中，如茶汤般保持自己的初心，如墨莲般拥有独特的美，如石榴子般撒向各地，多“子”多福。或繁或简，皆由茶起，由心生。

作品主题 石榴熟了，多（学）子多福，感谢师恩。

创新点 以石榴贯彻始终，利用石榴树枝做插花，选用手绘石榴花图案的素瓷茶器，石榴子做点缀。整颗的果子代表了辛勤付出的老师们，也代表我们学茶的起点——中国农业科学院茶叶研究所；散落在整个茶席上的石榴子红红火火，代表茶艺师资班每一位同学，将带着老师教授的茶文化知识和理念向全国传播。

以陈年熟普感谢师恩，也记录了我们相聚的时刻。

思想表达 石榴成熟，在收获的季节里，老师与同学们相聚于四明山，相约于此茶席，师生情、同窗情热烈而深厚。同学们将带着老师传授的茶文化知识和理念，回到自己的岗位，继续传播茶文化。

在特定的时间和地点，在师生聚散之际，以茶席的形式表达感恩与祝福，看似一席即兴之作，却具有别样的意境与美感。

石榴，传统寓意多子多福，此处化用于师生之谊、同窗之情、学识传播，其创新意识和思路比较清晰。在艺术手法上，色彩的对比与线条的组合，构思颇见匠心，红色桌旗与石榴子的交融聚散，层次铺陈、动静相宜、曲直变化等，令人产生悠远的遐想。茶具的章法上，开阖有序，符合茶艺操作要求，艺术和实用得到比较完美的统一。

此外，茶席中多元素的运用，都以石榴紧扣主题，合时、合情、合理，由此可见作者对茶席的理解。特别是从茶具的图案上看，更愿意相信全席是一件“蓄谋已久”的佳作。

创作：唐绮　赏析：于良子

第二节　亲情无价

亲情，与生俱有，源于血缘，但又不囿于血缘。在人生路上，亲情是最持久的动力，给予我们无私的帮助和依靠；在十字路口，亲情是最清晰的路标，指引我们成功到达目的地；在情感路上，亲情是最温暖的陪伴。岁月的洗礼，会显现亲情的浓淡。亲情中自有一份纯朴和自然，不用刻意地雕琢，它早已悄悄浸润在我们的血脉中。亲情最直接地体现在家庭中，家庭是每个人身体的栖息地，更是心灵得以寻求安全感的港湾。记得常回家看看。家，等你归来……

一　常回家看看

摘要　选用家庭用餐具套组作为泡茶器具，茶品为红茶，给人温暖的感觉。回家，给父母奉上一杯茶，奉上子女的爱与想念。

作品主题　以“常回家看看”为主题，表达子女不管多忙、身居何处，都应常回家看看。

创新点 使用现代家庭式餐具套组，分别代表家庭各成员。以带盖大碗为中心，其他用具呈放射状依次排开，不同颜色的桌旗交叉放置。用以表达——父母与子女是一体，不管走到哪儿，都要记得回家。茶席摆件为装有家庭合照的相框，体现出家的感觉，进一步烘托出整个茶席的温馨感。以康乃馨为主的插花表达对父母的美好祝福。

思想表达 随着生活节奏的加快，现在的我们，总是没时间回家，忽略了我们最亲父母。树欲静而风不止，子欲养而亲不待，人生最大的遗憾莫过于此。珍惜当下，珍惜与亲人团聚的每一分每一秒，哪怕一盏茶的时间。

赏析

茶席《常回家看看》营造了一种“俗常”之感，而俗常的感觉让人感到亲切，产生家的日常感。并且，整个茶席的冲泡方法也一改常规的杯泡法与壶泡法，而是运用了红茶的大碗泡法，表现了家庭的温暖、热闹。作品主题的选择就用了那首脍炙人口、唱出了中国人内心共同情感的歌曲。

整个茶席的茶器布置表达了一种家庭的伦理关系：以汤碗为中心，茶器呈放射状依次排开，汤碗作为主泡器，象征着父母是全家的主心骨，温暖的茶汤被分到各个子女的碗中，如父母之爱。相框中的全家福也道出了茶席的主题。

创作：石大艳　赏析：潘城

二 归

摘要 把一艘船和传统潮汕工夫茶的“四宝”布置于同一个茶席上，勾勒出一幅潮汕人的生活画面。漂泊在外打拼的亲人、朋友归来了，就用潮汕人最传统的品茶习俗招待。吃着姿娘（潮州话“女子”）亲手做的甜饼和亲手摘下的新鲜青橄榄，谈笑风生，其乐融融。

作品主题 潮汕人敢于闯荡，常冒着有去无归的风险出没于惊涛骇浪中，“归”对离家的人来说，意义深远。

创新点 潮汕工夫茶艺的“四宝”为玉书碨、潮汕炉、孟臣罐、若琛杯，是潮汕人的传统茶具。潮汕工夫茶融精神、礼仪、沏泡技艺、巡茶艺术、质量品鉴为一体，是“潮人习尚风雅，举措高超”的体现。①茶席选用深蓝色的叠铺，象征着潮汕人低调、坚毅的气质。②三个若琛杯紧靠在一起，除了形成一个品茶的“品”字外，也象征着潮汕人的凝聚力。③沏泡的茶是当地有名的凤凰单丛茶，再以青橄榄和甜饼作点缀，让潮汕人记住生活的艰辛，不忘初心，勇往直前。音乐选用萨克斯版《回家》。

思想表达 潮汕地区海岸线绵长，江河分布稠密。船，是潮汕人出海捕鱼的运输工具，也是潮汕商人远渡重洋从事贸易活动的交通工具。潮汕人常出没于惊涛骇浪中，常冒着有去无归的风险。船，归来了！载着平安归来，载着满满的收获归来，家人悬着的心也回归于安宁和喜悦。

赏析

《归》最打动人的地方就是作者对茶席背景氛围的营造，完成了一种场景式的还原。请注意，作者没有去美化、艺术化这样的氛围，而是“还原”。墙上贴的、桌上摆的，还原了一个最为普通、日常的潮州家庭的布置。无论是孩子的奖状还是《我爱我家》电视剧的海报都让人感到亲切。器物是传统潮汕工夫茶艺的“四宝”，茶点是地道的甜饼和新鲜青橄榄。一幅潮汕人的生活画面被勾勒出来。

席面上摆设了一艘帆船，表达了潮汕人出外打拼多漂泊，且渴望归来的意义。潮州工夫茶的生命力正是在于其民间化与日常性，同样的主题，除了放一艘船，是否还可以找到更好的表达方式？

创作：吕小芹　赏析：潘城

三 夜思

摘要 夏日的圆月下，军嫂思念着她远方爱人，荷塘、荷花、蛙鸣和蝉叫道出她无尽的牵挂和思念。

作品主题 夜幕下的荷塘边，一名军嫂思念着远方的爱人。

创新点 背景是夏天荷花盛开的荷塘，一轮如玉的圆月，悄悄地爬上了夜空。皎洁的月光洒在荷塘的每一个角落，整个荷塘都显得那么宁静。美丽的荷花与嫩绿的荷叶，相互交融。我独自一人拿着手机，看着远方的他发来的信息。朦胧的月光里有我思念的印记、无尽的牵挂和思念，如茶席上颗颗红豆。

思想表达 都说绿军装是最夺目的一道风景线。可是在军人眼里，军嫂们才是这道风景线上最美的一笔。看着丈夫豪情满怀地说："生命中有了当兵的历史，一辈子都不会懊悔。"我在心里也默默叨念："这辈子获得'军嫂'的殊荣，一样是为国奉献。"是的，绿水为媒、苍山作证，军人的爱情也许少了些许柔情，却平添了几分坚毅执着，军人的爱情经得起风沙消磨，耐得住雨雪洗礼。舍小家顾大家，我们军嫂用柔弱的肩膀，托起丈夫那片蔚蓝的天空。

赏析

茶席《夜思》充满了夜的静谧与思念的淡淡忧伤。

大块面积的蓝色席铺，背景上一朵美丽的蓝紫色睡莲，都彰显了作品静谧、忧郁又深情的基调。茶器的古朴色调，以及席前一盏古老的、铁锈斑斑的油灯，又透露出这种忧郁基调下的稳重与坚守。通过作者的解读，我们得知作品表现了夏夜的荷塘月色下，一位年轻的军嫂正独自一人拿着手机，看着远方守卫边疆的丈夫发来的信息。茶席上鲜红的红豆，表达了军嫂对丈夫深深的爱与思念。

然而，作品虽然表达了"夜思"的主题，但并没有通过视觉点出军嫂这一身份。此外古书、毛笔、油灯似乎都是古典的符号，在该茶席中的应用可以再做推敲。

创作：朱梦颖　赏析：潘城

四 邀月听秋

摘要 中秋的夜晚，思念远方的亲人朋友，大海深邃平静，让人仿佛置身静谧的海边，海天一色，遥望满月星空，邀月品茗，与亲人心心相印。

作品主题 满月的夜晚，身在他乡，借一杯香茗，表达对家乡亲人的思念。

创新点 深蓝色和浅蓝色茶席布营造出月光下平静的海面之感，中秋正值桂花开放，用桂花做造景，映出水中的月亮和拱形茶台的倒影，散落的桂花飘在水盂上，伴随着甜美的花香，思绪也随之发散。

思想表达　“空山新雨后，天气晚来秋，明月松间照，清泉石上流。”天气微转凉，秋风吹黄了夏日的翠绿，吹走了暑日的酷热。在有明月的夜里，我们泡一壶香茗。古人道：“桂子月中落，天香云外飘。”桂花清芬袭人，浓香远逸，带给我们愉悦温暖的气息。当桂花的后半生邂逅甘醇优雅的台湾高山乌龙，让水的温度激活茶与花的灵动，让茶香与花香融合……此时，体会茶与花带给我们的那种洒脱和浪漫的意境。

赏析

月序中秋，人在他乡，天然就是极富诗意的时空。咏月之诗不胜枚举，月夜品茗，自古也是一件雅举。月与秋，寄托对故人或远人的思念，于艺术更是一个经久不衰的题材，于茶席，亦复如此。

《邀月听秋》名字取得秀逸，茶席更不负此意。美的形式感，总是能第一时间让人停住脚步。这是一件具有唯美主义倾向的作品，器具别致，色调高雅，而形式感的价值正在于和主题浑然一体。白色磨砂琉璃茶具，配以宝蓝色的桌布，海天一色，若晨星寥落，并桂花一掬，恰似玉轮映水，婵娟舞空。迁想妙得，情景交融。虽无一言，亦足以得寄情。

相对于全局的精细秀雅，一瓶秋枝在形式上稍觉凋零，未免令人黯然神伤。然则，是否作者有意为之，也未可知。

创作：卢欣婷　赏析：于良子

五 陪伴

摘要 与大儿子的对话启发了我，给了我一个灵感，借一杯茶的时间，把全家聚在一起，彼此陪伴，聊聊今天的收获和烦恼，哪怕什么都不说，有家人在身边就是幸福。陪伴是爱，陪伴是最长情的告白。

作品主题 亲子陪伴。

创新点 “妈妈，这四个紫砂杯很像我们一家人！”“为什么这么说？”“你看，它们在彼此陪伴，很幸福的。”“那你觉得幸福的一家人是什么样的？”“博学的爸爸，

温润的妈妈，呆萌的弟弟，还有聪慧的我，我们在一起！”每只茶杯上都刻着一个书法字体的词语。茶品选了赤壁的黑茶，一方面因为我来自赤壁，赤壁茶陪伴我长大，在我心中留下了太多回忆，另一方面因为羊楼洞素有“砖茶之乡”的美誉，300年前，万里茶路沿途的国家都受惠于她，今天我希望通过这个茶席让更多人看到赤壁青砖茶的复兴。

思想表达　最近与大儿子的这段对话启发了我，促使我以“陪伴”为主题，设计了这个茶席。全家人借喝茶的时间聚在一起，彼此陪伴，感受家人在身边陪伴的幸福。

春雨、夏露、秋霜、冬雪，四季茶香在唇边留存，一家人彼此陪伴，相互支持，苦也逍遥，乐也融融。时光无法倒流，孩子不会逆生长，参与他们的成长，陪伴他们前行的每一步，一家人其乐融融。

赏析

《陪伴》这个作品，一张全家福，一席紫砂具，看似平常、平淡，不华丽，但让人感觉到温暖、舒服、安心。你与我在一起，就是陪伴，陪伴就是爱！

许多人创作时苦于找不到灵感。“四个紫砂杯很像我们一家人！”此作品的灵感来自作者与大儿子的一次对话。生活中并不缺乏素材，灵感源自生活！

创作：李玉华　赏析：周智修

第八章 诗境之美

中华五千年的悠久历史，孕育了底蕴深厚的民族文化，华夏源远流长的经典诗文，是文化艺苑中经久不衰的瑰宝。抚今追昔，我们与圣贤为伍，与经典同行，感受中华诗魂，聆听古风古韵。古诗词瑰宝为茶席的创作提供了取之不竭的思想源泉，让我们从茶席中领略中华文化的经典诗意之美。

第一节 古典之美

古典美，美得含蓄，美得凝重，这种美经得起岁月的洗礼、时间的打磨。在漫长的发展过程中，中国古典美形成了自己独特的个性，形成了一系列的具有中华民族特色的美学命题与范畴。“意境”属于中国古典美学的核心范畴，追求人与自然的和谐统一。古典诗词带给我们回味无穷的意境之美与慰藉人生的精神滋养，体现生生不息的华夏文化精神。中国古代诗词、古琴艺术为古典美学范畴的典型代表，它们具有豪放与大气、婉约与灵动的东方神韵。当这些古典文化元素与茶相遇，又会碰撞出怎样的火花呢？

一 清欢

摘要 人间有味是清欢，人生最大的幸福是在如水的平淡中活出精彩。该茶席简古通幽，朴质素雅。减少茶席中影响眼耳鼻舌身意的干扰和信息的冲击，我们的身心才能变得松弛和沉静。

作品主题 “清欢”——“清淡的欢愉”。

创新点　本席风格极简。水墨黑是最具包容与凝聚力的颜色。茶具选用了景德镇甜白瓷，通过水墨色铺垫的反衬，以极简的黑白两色营造出气韵生动的画面。茶品选用传统工艺的正山小种，松烟香、桂圆汤，滋味里尽显厚重。

思想表达　幽然闲住在山环水转之间，与山水亲近，几分淡泊，几分从容，俯仰之间，依然洒脱。情是人生最重的滋味，淡是人生最浓的色彩。

人间有味是清欢，让生活在粗茶淡饭中诗意盎然，透过指尖的光阴，淡看流年烟火，细品岁月静好，心中的风景，才是人生不改的山水。

赏析

元丰七年十二月二十四日，苏轼贬谪黄州四年后再迁移汝州时，写下了这首《浣溪沙·细雨斜风作晓寒》：“细雨斜风作晓寒，淡烟疏柳媚晴滩，入淮清洛渐漫漫。雪沫乳花浮午盏，蓼芽蒿笋试春盘，人间有味是清欢。”苏词的清欢已不是一杯浮着“雪沫乳花”的清茶，也不是山间嫩绿的“蓼芽蒿笋”，而是“回首向来萧瑟处，归去，也无风雨也无晴。”是一种旷达的人生态度。只有经过人生的重大坎坷，才能体会到绚丽之后本色本底的精彩，以及平淡之中真正的悠长滋味。

该作品以苏词名句为内涵，所表达的主题明确而清晰，茶席以黑白两色为主调，白瓷茶具、白烛与黑色桌布、灯台及红茶的深色，形成强烈对比，但两者之间能较好地协调，色彩元素的布局及其层次的安排合理。同时，茶具、烛台布局的疏密变化及高低层次安排，可谓恰到好处。茶席的意境由此而与主题想表达的意境趋于一致。在众多越来越热闹的茶席中，这无疑是“做减法”比较成功的一件作品。

创作：朱雪玉　赏析：于良子

二 苏轼如茶

摘要 苏轼是一位真实而可爱的茶人，以入世的态度做事，以出世的态度做人，这是苏东坡最恰当的人生注脚。苏轼如茶，本席选用仿宋点茶茶席，在茶具选择、色彩搭配上展示东坡人格魅力和生存智慧。

作品主题 “回首向来萧瑟处，也无风雨也无晴”，在惠州岭南，东坡经历了“茶味人生随意过”的三年时光，该茶席为表达对苏轼的敬仰和怀念而设计。

创新点　①主题。茶与苏轼一生相伴。苏轼的性格豪放中带有沉稳、理性和内敛，这与茶的淡雅和清高如出一辙。苏轼如茶，用糅入宋代点茶元素的茶席展现苏轼在岭南“茶味人生随意过”的生活及乐观豁达的人生态度。②设计。茶具简洁、质朴、流畅，展现宋代简单而又精致、朴素却不失精美的审美追求；颜色搭配和器物的选择彰显东坡“以入世的态度做事，以出世的态度做人”的生活哲学，如茶席色调为深褐色和米黄色，同时，用背景里的荔枝图案、窗棂、挂画等物象，表现岭南风物，以示东坡在贬谪中，在惠州的山水之间寄寓感情，抒发情怀的场景，烘托东坡在逆境中保持旷达超脱、开朗乐观、闲适平和的心态和积极向上的追求。

思想表达　东坡自评：“问汝平生功业，黄州惠州儋州。”三次贬谪，作为一个忧国忧民的士大夫，茶是东坡抚平创伤而依然笑语南风的选择，其散文《叶嘉传》可谓苏轼人生的缩影。该茶席以茶为载体，用糅入宋代点茶元素的茶道呈现，再现苏轼在岭南的生活及乐观豁达的人生态度，让我们透过茶感知东坡的人格魅力和生存智慧。

古典茶席近年开始流行，随着茶器、茶席艺术的不断发展，当代的茶人们已经能够恢复唐煮、宋点的时代风貌，这是可喜的收获。

该席借“苏轼如茶”主题，展示了北宋的点茶技艺。作品虽是古典主题，却运用了现代表现手法，简化了宋代点茶用具，以汤瓶、茶筅、建盏为茶器，采用了大碗分茶的方法，配以茶勺以及三个品茗杯。特别值得欣赏的是茶席的背景，明丽的白布上描绘着几颗鲜红的荔枝，“日啖荔枝三百颗，不辞长作岭南人。”表达苏轼达观的人生态度。呼之欲出。

创作：叶娜　丘巴比　郭娜　韩旭　王学孔　赏析：潘城

三 桃花源

摘要 冰炙曲毫之鲜，炭炙桃花之香，冰与火的碰撞，换得花与茶的和谐！如同云中一抹碧绿映上一抹桃红般的美景，雾起青山云翠雪，清炙桃红唤清甜，桃花轻浣云波水，一抹桃红一抹甜。在那桃林深处，雨雾缭绕，仿若世外桃源。茶人在桃花园里席地而坐，冲泡一碗桃花绿茶。

作品主题 茶人在桃花园里冲泡一碗桃花绿茶，感受古人“桃花源”的意韵。

创新点　①茶席选择咖啡色与粉色桌旗，选用绿茶奉化曲毫与干桃花混合冲泡，冰炙曲毫能锁住茶叶的鲜味，炭烤桃花能诱发桃花的香气。②用干冰制造烟雾迷蒙的意境。③主泡器是磨砂玻璃茶碗，配上半透明玻璃品茗杯，更加契合主题。玻璃器皿能够完美地展示绿茶，我们能看到茶叶与桃花在水里慢慢展开与慢慢融合的过程。

思想表达　奉化雪窦山一带出产奉化曲毫茶，山上林木葱郁，泉水潺潺，有5万余亩桃园，被誉为“天下第一桃园”。桃花也是奉化的区花，当奉化的曲毫与桃花相遇，一杯桃花绿茶在手，如进入陶渊明的桃花源中……

赏析

文学作品的诠释往往是茶艺作品的一大主题。茶席《桃花源》试图抽取《桃花源记》的理想精神，与茶的精神相融合，选择咖啡色与桃红色桌旗，茶品是绿茶与桃花混合冲泡，用干冰制造烟雾迷蒙的意境。枯木上的玻璃器皿能够观赏到茶叶与桃花在水中舒展融合的全过程。其形式美与陶渊明的《桃花源记》那深入到每个中国人心中的如梦似幻的文化烙印相契合，以桃花作为符号观照主题。其中的奥妙也如桃花源，“不足为外人道也”。

创作：董苾莉　赏析：潘城

四 镜月水花

摘要 一张长方形镜面反映出通透与不透的器皿，旁侧灯似月影，虚虚实实，且真且幻。尤物且茶，茶名为金牡丹，那水中花就是它了，似臆想似真实。

作品主题 镜中的月似真似幻，水中的花真真假假，光与影、虚与实，镜花水月，亦真亦假……

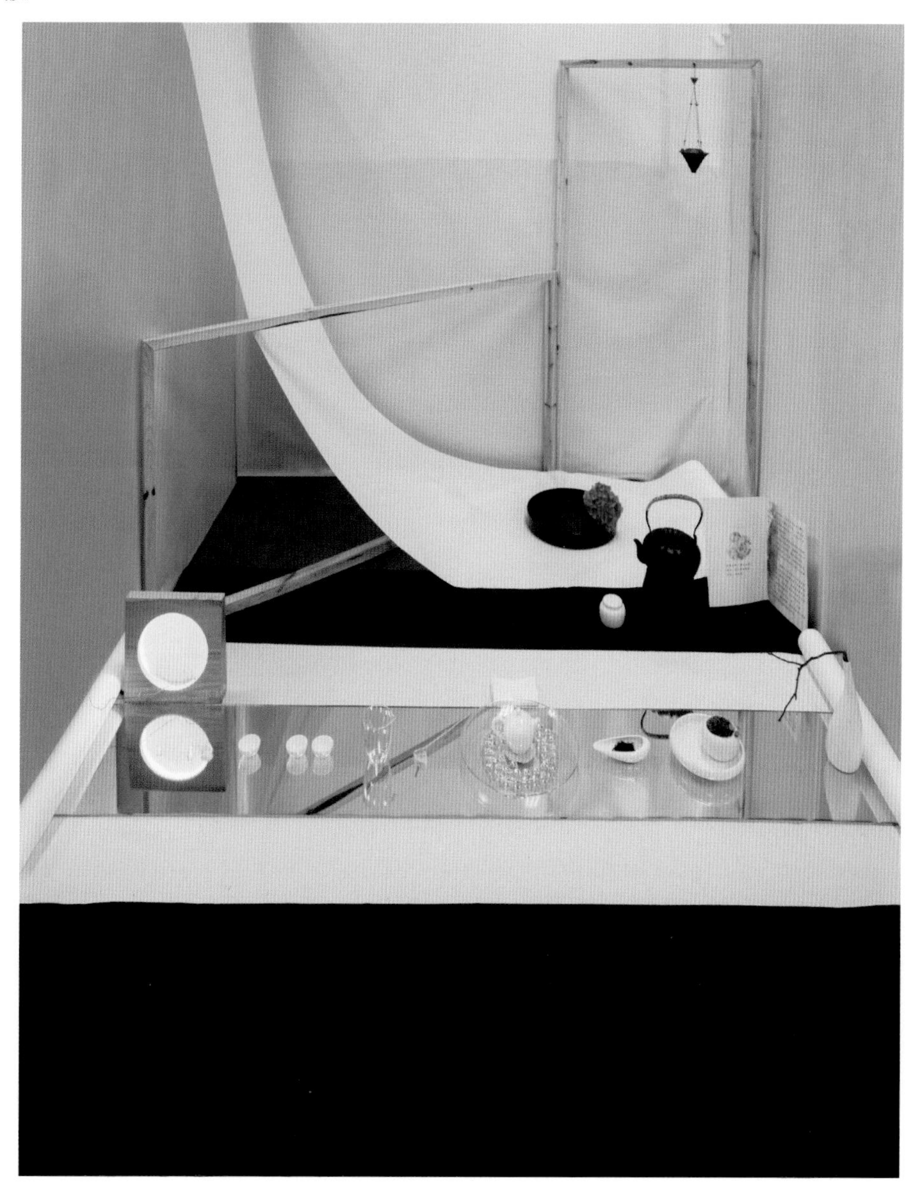

创新点 ①茶席以长方形镜面、台灯、透明圆形壶承、镀光玻璃珠、白色茶巾、黑色底布、两卷宣纸、枯枝寥寥和青苔盆景为主要器物。②茶器为美人肩白瓷壶配白瓷品茗杯三个、白瓷水盂、白瓷茶荷、透明公道杯、白釉茶罐、白瓷花瓶等。③茶品为金牡丹。

因镜面没有倒角，线条略显冷硬，而器皿则选择了流线形与圆形，枯枝也一样，枯枝冒出的新芽寓意新生与希望。光与影，虚与实，整个茶席添了行云流水的气韵，忽觉孤寂之美，金黄色的金牡丹汤色便是整个茶席的亮点。镜子作铺垫，给人空间的拓展感，也增加了通透感。用通透质地的壶承是透与不透的过度与衬托。器皿则都选择了白瓷，白瓷本身就容易带给人恬静的美，在灯光的映射下，更突显白瓷的流线美。

思想表达 恬淡凸显了孤寂，在这孤寂中泡出一壶如画、如花、暖意的茶，心暖也便有希望新生，这体会似真似幻。

赏析

用现代材料与手段表达出古典美的意蕴，茶席《镜月水花》堪称典范。作品犹如一首现代诗，牢牢地抓住了“镜”与“月”两个鲜明的意象，将观者带入作品。

“镜”是中西方文学作品，尤其是诗意作品中颇受青睐的重要意象。一面镜子投射出光怪陆离的丰富内心与外部世界。这也是作品以镜面作为席铺的苦心孤诣。茶席运用大量玻璃器、白瓷茶器，使得整个茶席泛出一种清冷、寂寞同时又坚硬、易碎的质感。与此同时，“月”的意象升起了，茶席一侧安置一盏圆月形的台灯，温暖色调的光晕投射到镜中，打破了那种一味的清寒孤独之美。

“镜”与“月”两种意象，是方与圆，冷与暖，也是孤独与慰藉，诗意显现，观者自可无限解读。

创作：朱媛媛　赏析：潘城

五 茶·琴

摘要 以古琴、普洱茶为题材，两者的韵味都是古老、朴拙、陈醇而悠远。陈年普洱茶以其独特的茶香和岁月的气息与古琴之韵融和。此外辅以红泥炉、铁壶、蒲团等，营造出古朴、简洁的场景，又以一丛文竹作平衡，带出山野清新的盎然生机。琴韵空灵，茶韵绵长，二韵和谐，天籁禅境，隐约其间。

作品主题 琴韵空灵，茶韵绵长，二韵相谐，而禅境依稀。

创新点 茶席采用叠铺的铺地式。在中间放一矮桌，以米白色的桌布为底铺，上叠深红色的桌旗，米白色代表大地，承载万物；深红色象征人生之路，有起有伏。这颜色也与熟普洱茶的颜色相呼应。旁置一丛文竹，带出山野气息。红泥小火炉，黑色的煮水铁壶，皆显古老而拙朴。蒲团也是“坐忘”之物。选用陈年普洱茶，因其独特的香气，有着岁月的气息，可与古琴之韵相谐，犹如故知相遇。

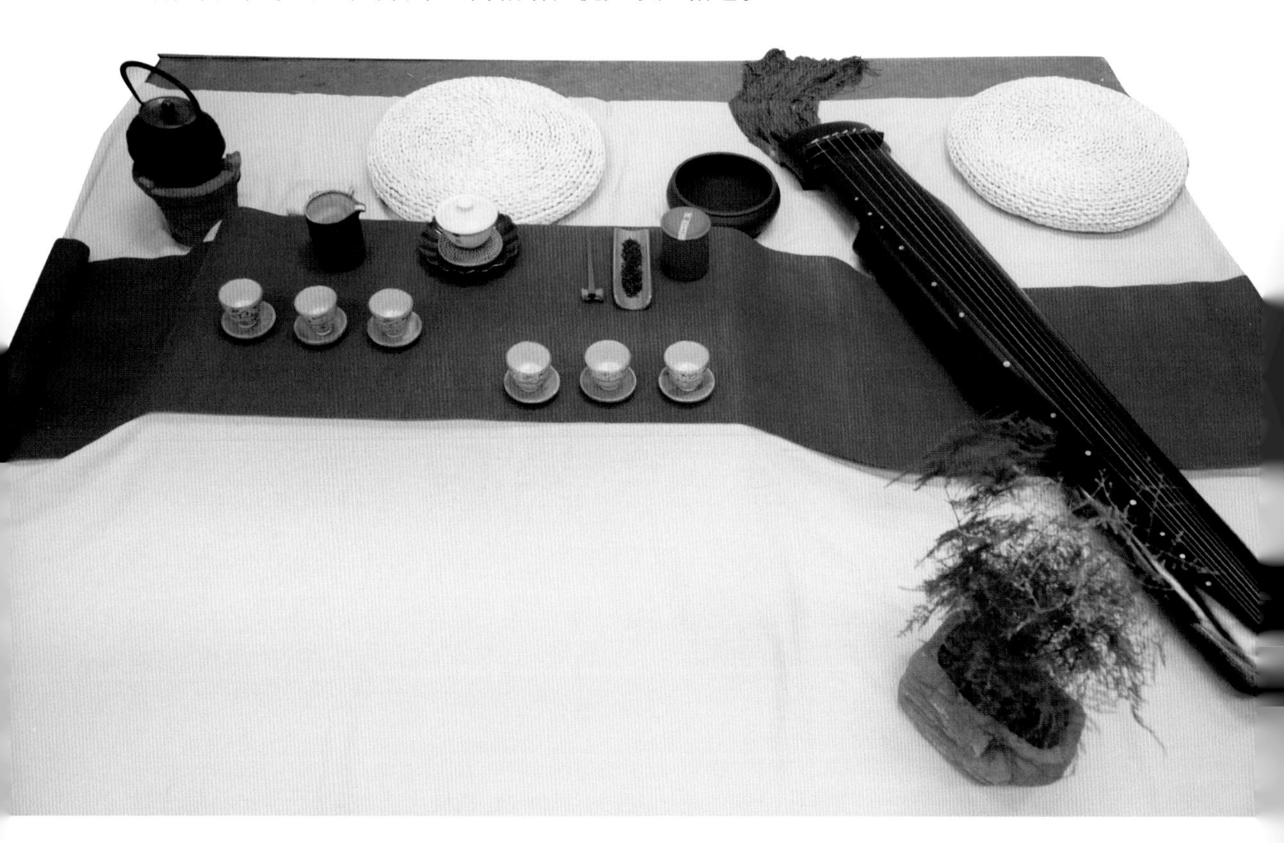

煮一壶泉水，沏上一杯陈年普洱茶，茶烟袅袅升起，茶香四溢。琴音随心泛出，在文竹之上与茶香相遇，琴韵与茶韵融和，知音席地而坐。其实在这样的场景中，不待鼓琴，天籁已至，所谓“但识琴中趣，何劳弦上音”。

思想表达　自古以来文人雅士就有听琴品茶的雅趣。唐代诗人白居易一生与茶相伴，作有《琴茶》一诗道：“琴里知闻唯渌水，茶中故旧是蒙山。”茶中味，琴中音，琴茶之间，是君子之交，是精神上的高度契合，是惺惺相惜。

赏析

白居易的名诗《琴茶》、唐人的绘画作品《调琴啜茗图》和《宫乐图》都是表现茶与琴的著名作品。

琴，作为乐器，可以演奏任何曲子，作为一种文化符号，例如著名的典故“高山流水”，大体可以说明它确有特定的意义。茶，亦然。而茶席作为一件作品，以少许的器物，营造多重的意境，最好力图找到那个具有文化标志意义的“点”，这个点应由三方组成：一是琴，二是茶，三是两者结合后产生的新意象，即所谓的“1+1>2”。其基础首先是分别准确揭示“琴”与“茶”的意象，而后有叠加融合后的新的意象，然后才有“创新点”的出现，可见创新不是一般的困难。因此，从该席的文化性、艺术性以及欣赏者的认同感这三个比较高的要求来衡量，该席还有进一步考究和丰富的余地。

创作：胡嘉惠　赏析：于良子

第二节 清新之美

“江南无所有，聊赠一枝春。”“江南可采莲，莲叶何田田。”烟雨江南，流传着多少瑰丽诗篇，带给我们一幅幅清新灵动的画面。大自然中的绿色是生命之色，象征着勃勃生机与希望。蓝色，是大海与天空的颜色，也是充满梦幻的色彩，始终保持清澈、浪漫之感。本节茶席，以诗情画意表现江南之美；以绿色为主基调，传递一种平和健康的生活态度；以蓝色为主色调，配以现代茶器，赋予了茶席童话般的清新，这是年轻人创作的、传统与时尚相融合的茶席。

一 茶·诗·江南

摘要 “品茗江南院，提笔茶中诗。”自古以来，诗与茶结下了不解之缘。江南充满诗情画意，灵山秀水育佳茗，梦魂深处是江南，江南小镇若隐若现，在幽幽荷香里，在摇曳的竹影里，在袅袅的茗烟里，在笔墨之间。

作品主题 一席“茶·诗·江南”，一盏好茶，一卷好书，共品山河岁月。

创新点　茶席设计采用多元结构，江南风物、文房笔墨营造出江南雅室的氛围。①铺垫：褐色底布上面横铺一条印章桌旗及一条米色桌旗，奠定茶席的整体基调——书香墨韵，庄重淡雅，颇具“素绢涵墨染”“水韵江南逸”的诗情画意。②茶具：青瓷碗泡组是本席设计的亮点。以青瓷大碗为主泡器，配以青瓷系列的茶盏、壶承、水盂、盏托以及竹制小杓。③香盒：数缕青烟，如梦如幻，令人仿如进入红袖添香，执棋品茗之境，为茶席添一分雅意。④“鱼戏莲叶间”：莲叶凝玉露，鱼戏荷香远。整个茶席静中有动，动静相宜。⑤花器：葫芦常见于文玩，葫芦形青瓷花器内置竹枝，取“清润绝纤埃”“风月影徘徊”之雅意；花器旁配一架笔挂，若江南园林之门扉。⑥花瓣：席面随意点缀的莲花瓣，与《江南水韵》的挂画相呼应，仿佛画中的花瓣无意间飘落于茶席间，别具意韵。

品茗、观鱼、赏花，时光静好，岁月安然。

思想表达　烟雨江南，人杰地灵，生发出多少唐宋诗篇；诗意江南，灵山秀水，孕育了多少传世佳茗！荷香竹影，茶人诗客，书香做伴，茶香沁心，何不美哉！“戏作小诗君勿笑，从来佳茗似佳人”，与一群志同道合的朋友一起品茗论诗，茶助诗兴，何不快哉！茶席无声，却仿佛隐隐传来书声琅琅；山河入梦，君子之志，可隐于山水，亦可挥斥方遒。

这个作品的文案写得比较有条理，从一个茶席可以看出茶席设计者历史、人文、艺术审美的综合实力。茶器具在茶席上犹如一个个建筑，即使它们每一件单看都很美，但组合起来并不一定和谐。所以，茶席设计者应学一点建筑美学。插花的取枝也需要审美的眼光，至于花瓣撒于席面上，或许会让泡茶人与饮茶人的注意力稍有分散。这种形式上的美感，在于每个人的拿捏与把握。

创作：管宛婷　孙楷航　吴峻彬　林德豪　赏析：陈云飞

二　海边

摘要　海给人清凉之感，它的胸怀，它的味道……用天蓝色台布打底，白色纱布为辅，造就海边的景象。富有现代感的冷饮杯，让年轻人在繁忙的工作之余，有了自己的闲暇时光。让我们倾听海螺中海风的声音，让快节奏的生活放慢脚步。

作品主题 与大海相约，远离城市的喧嚣，静品一杯清凉的绿茶。

创新点 茶席选用靓丽的天蓝色为底色，向桌前延伸，体现了海的胸怀与宽广。白色的“海浪”，浅黄色的“沙滩”，与大海呼应。整个茶席设计布局以天蓝色桌布为主色调，白色绸布似海浪，浅黄色桌旗似沙滩，整体造型似一片缩小的海景。贝壳，海星，海螺为点缀，带来了海的气息。茶具选用的是冷饮杯以及凉水壶，给人视觉上的现代感。

思想表达 天气燥热的时候，总是格外期盼能有一杯凉爽的冰镇饮料来解救炙烤中的自己。一壶新茶，煮水冲泡，茶甘，香郁，饮后回到清凉世界！

作品抓住了海洋色彩基调——蔚蓝色，强烈地冲击观看者的视觉。蓝色作为冷色调中最重要的一种，能够让人感到安静、清凉、舒缓。

茶席选用了三个大大的透明玻璃冷饮杯，显得时尚、随性，充满了年轻人的活力，有一种假日休闲的放松感。同时，玻璃杯的透明也与蓝色渐变的桌铺以及背景相配合。茶席铺垫分成浅黄褐色、白色和大面积的蓝色，蓝色还不断地向桌下延伸，形象地表现了海浪、沙滩与大海的三个层次，细碎的海螺、贝壳营造出一片微观的海景，更为茶席赋予了童话般的小清新。这会是年轻人甚至是小朋友喜爱的茶席。夏日炎炎，何不来一杯充满创意的清凉调饮茶呢！

创作：胡慧婷　赏析：潘城

三 一抹绿

摘要 绿色，生命的底色，它充盈着丰沛的生命力，生机勃勃。一袭翠色扮人间，四季轮回碧绿鲜；与世无争何所惧，和风细雨度流年。茶席，通过一抹绿色，传递一种积极、健康的生活方式。

主题思想 一片青苔，一盆盆栽，一壶清水，一杯茶，灵魂诗意地栖息于一抹翠绿。

创新点 以青苔为茶垫。青苔是大自然的产物。灵感来自院子里养的各式各样的小盆栽，一壶清水，一杯茶，就这样，诗意般栖息在自己工作室的一角，波澜不惊，静守流年，任岁月老去，依旧恬淡安然。

闲暇之时，我喜欢安静地在自己的茶艺工作室打理自己养的植物，任绿意在蔓延滋长，与我共守平静时光，顿感灵魂有了皈依，精神有了浸润。

思想表达　绿色是生命的底色，它充盈着丰沛的生命力，生机勃勃。看似平凡普通，然平凡中孕育着伟大，普通中蕴含着神奇。看着那一抹绿，静静的，心胸豁然开朗，任是再浮躁的心，也跟着安静下来。原来，一切，都在这份绿意里，静静地流淌。

“小清新”“治愈系”成为这个时代小资情调的关键词，尤为女性所青睐。茶席《一抹绿》就是在扣自己内心的这个审美主题。

茶席以青苔为铺垫，呈现大块面积的鲜绿与嫩绿的色块组合。作者把设计的重点倾注于一个“绿”字上。绿色是生命和大自然的底色，也代表了万物复苏的春天。茶本质上最近于自然，近于绿色。作品也通过绿色的主基调，传递出一种积极健康、清新简约的生活方式。

茶席作者的创作灵感源自作者工作室的小盆栽，一壶清水，一杯清茶，就这样，诗意般栖息在自己工作室的一角，令原本烦躁忙碌的工作氛围舒缓下来。设想这样的茶席，用具简单，冲泡方便，色彩明亮，实在是非常适合办公空间。茶的意义就是在不完美的生活中感受完美，哪怕只有一杯茶的瞬间。

创作：吴蕊君　赏析：潘城

第九章 平凡之美

开门七件事『柴米油盐酱醋茶』，铺陈开的平凡生活。芸芸众生，日子在平淡中悄然滑过，平平淡淡才是真。茶席创作者从平凡生活中体悟对世界和生命的热爱。工作、学习，制茶、制壶，一家人围炉烹茶，看似平凡，实则以日常的生活方式，将传统茶文化代代相传，这正是平凡中的不平凡！

第一节 技艺之美

茶品是茶席的主要构成部分。根据加工方法不同，我国基本茶类有绿茶、白茶、黄茶、乌龙茶、红茶、黑茶六大类，还有花茶等再加工茶。每个茶类又有各具地域特色的名优茶品，如九曲红梅（红茶）、六堡茶（黑茶）分别是杭州及广西的历史名茶。紫砂茶器自明代起广泛使用，也是当今备受喜爱的泡茶器具。名茶、名器均是匠人们以精湛的技艺制作而成的艺术品，呈现技艺之美。

一 渔翁与茶

摘要 一位渔翁，身披斗笠，手持钓竿，轻点水面，与清风明月为伴，枕烟霞林涛而眠，与茶，与钓，飘零于江湖之上。茶席用蔚蓝垂钓图做背景，藏青色底布为辅垫，蒲草编织的蒲团为茶桌，席地而坐，与好友细说点滴……

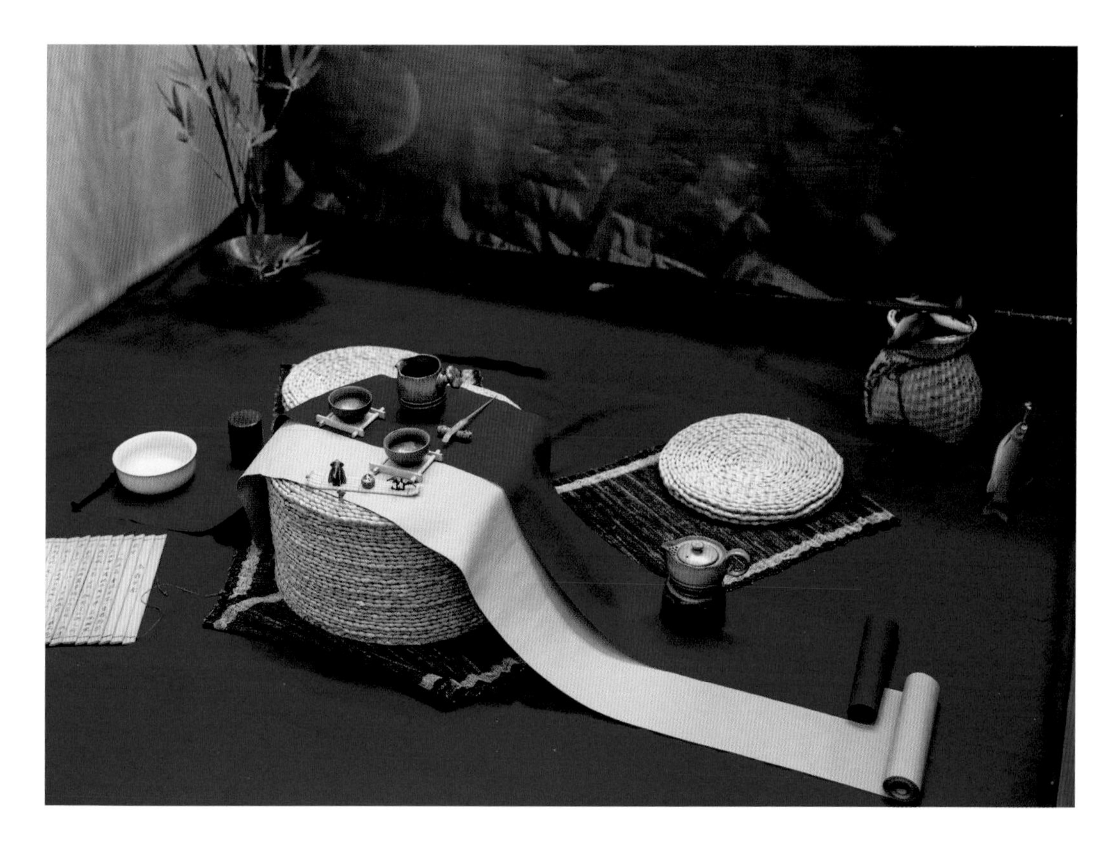

作品主题　与风浪拼搏，与茶为伴，以渔为生，简简单单生活。

创新点　茶席主色调为藏青色，与深邃的湖泽背景相呼应。蒲草编织的蒲团为桌子和地席，搭配陶瓷茶具与竹制杯托，古朴的陶瓷茶具，茶罐里装的是粗老茶叶，香而淳朴。渔者垂钓一天的收获放于身侧的角落，讲述着渔翁简朴的日常。身后花器中插着三两竹枝，给茶席带来一丝绿色生机。

思想表达　落日黄昏时，满载而归的渔翁们围着蒲团席地而坐，与三五好友，煮上一壶粗茶，慢慢品饮，谈笑风生，享受收获带来的喜悦。渔翁身后一片片的竹林随风摆动，竹林外波浪涌动。这是普通渔翁的日常生活。身无长物，不惧明天，不念过往。无惧无畏，平平淡淡也是真！

赏析

日影西南斜，老翁捕鱼归；歇罢喝两碗，日子平淡过。蒲团、竹篓、茶罐、茶杯，几件简单的器物，把渔翁的生活淋漓尽致地展现在眼前！打鱼、喝茶，老翁的生活就这样简单而快乐！这也是多少人向往的生活。

创作：朱紫盈　赏析：周智修

二　紫砂壶

摘要　宜兴龙窑，倚坡而建，蜿蜒而上，凝聚了我们先辈们几代人的智慧和心血。每天清晨，我都要给父亲泡一壶宜兴红茶，父亲说红茶养壶，可令紫砂壶更加润泽。

作品主题　两代紫砂艺人薪火传承。

创新点　紫砂无釉无彩，不事雕琢，朴实无华，一如君子的本真之气，完全是先民制陶技艺的演进结果。紫砂壶制作技艺代代相传。父亲做了一辈子壶，现在，聋哑的儿子接着烧窑，继承父亲的事业。

思想表达　一方茶席蕴含了五行元素：茶刀、茶匙为金；茶与茶盘为木；茶汤为水；紫砂为土；紫砂成于火。五行同盘，置于案头，品茗养壶，心无杂念。

每把壶都有一个故事，陪伴我度过无数不眠之夜。岁月悠悠，父亲老了，在无声的世界里，我多想说一句：爸爸，妈妈，你们辛苦了，儿子已经长大，我会守着你们留下的龙窑，把紫砂壶的技艺代代传承。

赏析

茶席《紫砂壶》是不能只看席面的。席面上展现的只是一套工艺精湛且富有创意的紫砂茶器套组。而整个茶席围绕这套茶器展开的是一个虚拟现实的茶空间。作者运用背景图片让观者看到了一个宜兴古窑的面貌，并且还原了一部分紫砂壶制作的场景，使人如身临其境。宜兴红茶和宜兴紫砂茶具正是相得益彰。

通过作者解说方知，这个茶席讲述了一个传承的故事，聋哑儿子在无声的世界里加倍专注地学习父亲的制壶技艺，守着父亲留下的窑口。作者设计这个茶席的目的是为了突显紫砂茶器，表达自己传承紫砂技艺的坚定信念。

创作：张苏银　赏析：潘城

三 归龙吐梅

摘要 相传从前，在杭州西湖灵山的大坞盆地，住着一对从福建来杭州种茶的老夫妻，他们生活非常的贫穷，晚年得子叫阿龙。阿龙长大了，有一天他化作一条乌龙，飞向大海。后来，阿龙学成回来，他的父母已经不在了，但是他父母种植的茶树还在，阿龙要传承父母的制茶技艺，用自己的双手制作出优质的茶叶，让茶香飘四海、洒满人间！

作品主题　从海外归来的阿龙用自己的双手制作出优质的九曲红梅（又名九曲乌龙），冲泡出完美的茶汤，他要让这茶香飘四海、洒满人间！

创新点　茶席以九曲红梅茶的传说故事为背景，续写了一个“海归”传承制茶技艺的故事续集，具有时代意义。以一支刺绣的梅花为中心，隐含茶名。玻璃公道杯能够更直观地观赏橙黄明亮的茶汤，黑色的陶壶和杯子，呼应阿龙变成乌龙的传说。

思想表达　海外归来的阿龙用父母栽种、自己亲手采制的茶叶，亲手冲泡出香高味美的茶汤，奉献给大家，借以表达继承父母种茶制茶的技艺，让九曲红梅制茶技艺代代相传的愿望！

赏析

该茶席以名茶传说为创作依据，具有浓郁的地方文化特色。当主题确立之后，表现手法起到了关键作用，而表现手法的高低，在于是否能准确而生动地演绎并且深化这个主题。该茶席以红、黑为主色调，比较贴合茶与人物的身份特征。桌布上的红梅更直白地表现了茶品的名称。

文本的撰写，始终是茶席、茶艺创作的一个难点，特别是在对传说一类素材的写作处理上，正如该茶席文案，需要考虑到如何在茶席的主题上表达得更为自然、合理。

创作：陈东兴　赏析：于良子

四 骑楼与六堡茶

摘要 “老梧州”骑楼文化与六堡茶的“红、浓、陈、醇”特点相得益彰。引八方来客，共赏老城古韵，共品陈年老茶，传承经典。

作品主题 骑楼文化和六堡茶文化的传承与弘扬。

创新点 灵感源于梧州骑楼文化与六堡茶文化。雅室中，《步步清风》乐声缭绕，席布色彩朴素，显出习茶环境的清静。茶荷中盛放的是清明、霜降等节气采制的陈年六堡老茶，有茶芽、茶婆、茶果、茶花。席面设双人席，一师一徒，传授茶技，习茶修性。

思想表达 “岭南古城苍梧郡，梧桐骑楼殊气聚。百年商埠一方裕，黄金水岸世代荣。民间作坊老字号，手工艺技今有承，茶船古道扬名气，六堡醇韵引知音。”儿时曾居住在老城区的骑楼中，听父辈讲，“老梧州”曾经是西江水域一带依靠水路商贸繁荣

的城市，不少民间手工技艺、传统技艺由此继承兴盛。骑楼上特有的铁环历经百年风霜，环扣靠岸停泊的商船、茶船，见证了梧州历史文化的辉煌和传承。

最具岭南特色的中国骑楼城，更是迄今为止保存完好，存世时间最久远的国家级建筑保护群。在骑楼城内，一直保存着“老梧州”的许多传统文化，传统手工艺、品牌老字号，如著名的六堡茶。骑楼文化与六堡茶的“红、浓、陈、醇”特点相得益彰，引八方来客，共赏老城古韵，共品陈年老六堡，传承传世经典。

一件茶席作品应在满足了实用与审美两方面要求之后，还能够经得起推敲与品味才好。“骑楼与六堡茶”就是这样的作品。

整体来看，席面是双人席设计，意为一师一徒，有传承之意，布局上就显得与众不同。既然是怀念“骑楼”，茶器的组合能呈现一种建筑的块面感与结构感。中式建筑的对称结构被运用到了茶席的布局上，但对称之中又有变化。茶席色彩质朴沉稳，而中间的红色桌旗以及插花都为作品补充了恰当的亮色。挂下来的一个铁环可谓神来之笔，它传达给我们六堡茶历史的厚重感。

有时茶席上对茶文化艺术性的展示往往比冲泡茶叶本身更重要。该茶席艺术化地展示了广西六堡茶文化——四个茶则中分别是茶芽、茶婆、茶果、茶花，这样的茶品组合排列，起到最直观的呈现功能。

创作：张瑜纯　赏析：潘城

第二节　缤纷之美

中国有五十六个民族，每一个民族因其聚居地域的地理环境、历史文化以及生活习俗的差异，饮茶习俗也各不相同。即便是同一民族，地域不同，饮茶习俗也各有千秋。茶俗是茶文化的重要组成部分，犹如茶文化大观园中缤纷的花朵。每个民族的茶文化有其自身强烈的地域符号和文明特征，由此衍生创作的茶席风格也是迥然不同，呈现缤纷之美。民族茶席反映民族风情和人们对美好生活的向往和追求。青豆茶、酥油茶、奶茶、三道茶等是颇具代表性的民族饮茶习俗。

一　藏族酥油茶

摘要　在四川西北美丽的高原上，生活着勤劳勇敢的藏族人民，他们热情、质朴、孝顺、善良。每当贵客到来，他们会献上洁白的哈达，载歌载舞，为客人煮一壶本民族赖以生存的生命之泉——酥油茶。

作品主题　浓浓酥油茶，浓浓汉藏情，民族团结一家人。

创新点 桌布为咖啡色，好似高原土地，配以金色图腾绣花桌旗，象征藏族人民的信仰和希望。选用藏式金边泡茶具、银壶、竹桶为茶具，以哈达和女式藏装作装饰，突出了藏民族的特征。

思想表达 相传，唐贞观十五年文成公主将茶叶带入西藏，此后，“土茶”“蕃茶”“团茶”“蜀茶”“西番茶”“边茶地”“紧压茶”“藏茶”等，虽名称不同，但茶叶渐成藏族同胞的生活必需品，千余年来源源不断地从产茶区运入西藏，为世代藏族同胞提供健康保障，并形成独特的酥油茶饮茶习俗。

浓浓的茶香体现了浓浓的汉藏情谊，小小的一杯茶，连接着你我他，连接着汉族和藏族，也连接着亲如一家的五十六个民族。

赏析

边疆少数民族的茶艺大多具有热烈奔放的特征，且保持着稳定的审美趋势。尤其是藏族的酥油茶，茶具丰富，服装色彩鲜艳，茶品厚重香醇，该茶席也基本呈现了这样一种风格。

对于民族风格特别突出的茶席，难以用常规的审美标准来衡量，因为它具有自己民族的审美独特性和稳定性。但正因为风格太强烈，同类作品常常会出现同质化的现象。然而，社会的进步和科技的发展，对日常生活的影响也日益彰显，许多新的事物正在源源不断进入生活的各个方面。如何在表现浓郁的民族特色的基础上传达时代性、体现地区性，特别是表现作者自己的审美个性，往往没有现成的参考，给创作者带来不小的挑战。这也成为当代茶艺（茶席）创作需要思考的重要内容，而这个思考不仅限于少数民族茶艺。

创作：袁洁　赏析：于良子

二 苗家大碗茶

摘要 苗族女子用苗家珍珠绿茶，巧手泡制一碗独特的苗家大碗茶，甘、爽、醇、厚，苗族人的热情、豪情尽在一碗茶中。

作品主题 一罐清水、一碗茶，你我有个见证。

创新点 采用苗家风俗布局，茶品选用苗家珍珠绿茶，茶席中以苗家独特的苗绣做铺垫，体现苗家独特的刺绣工艺，苗家特色的土罐、土碗、土盆为茶器，茶席上悬挂苗族勇猛与威武的象征——牛角，体现了苗家风情。

思想表达 蓝天、青石、木屋、石桥，民风淳朴，苗族在这片大地上，过着男耕女织的日子。男子身强力壮，以驯养为生，勇猛无比。驯服野牛时需要四个勇士协作，四个勇士通常以茶代酒鼓舞士气，因此，四个碗为苗家人最高茶礼。苗族女子用一双巧手泡制一碗独特的苗家大碗茶，甘、爽、醇、厚，苗族人的热情、豪情、对勇士的崇尚尽在四碗茶中。

赏析

这个作品主题突出，特色鲜明，使人一眼就能看出茶席体现的苗家茶事与风土人情。除了茶席布置选用的背景及铺垫民族风扑面而来之外，茶具也选用了与当地民俗相符的日常器用，让人有入乡随俗的亲切感。可圈点的是，这个作品，确实在为一款茶设计一个茶席，在创意文案中，也对所选用的苗家珍珠绿茶品质特征作了介绍，并且对苗族“四碗茶”的最高茶礼作了必要的说明。这样的茶席会让人有参与的欲望，正所谓民族的即是世界的。

需要提升的部分在于茶席的细节。“粗糙”并不是“拙朴”。越自然的东西，越接近精致。在形式上，也可以更有设计感。

创作：李卫东 赏析：陈云飞

三 大理三道茶

摘要 三道茶是云南白族招待贵宾的一种茶饮方式。白族三道茶以其独特的“一苦、二甜、三回味”的形式，早在明代就已成为白族待客交友的一种礼仪程式。

作品主题 “一苦、二甜、三回味”既是白族的待客之茶，又是启迪人生的哲理之茶。

创新点 茶席桌布选用大理特产扎染布料，原汁原味，既美观又紧扣主题。茶品为晒青毛茶，配以独具地方特色的乳扇等三道茶配料。

思想表达 2014年11月，“白族三道茶”被列入第四批国家级非物质文化遗产代表性项目名录。这“一苦，二甜，三回味”的三道茶，原来是白族人家接待女婿的一种礼节，后来演变成了白族人待客的一种独特礼俗。

三道茶具有很深的哲理，告诫白族子孙人生需先苦后甜，“幸福是拼搏出来的”，也反映了白族人民的乐天自信、热情好客、追求稳定和谐的民族性格。

赏析

这个作品源于大理白族的茶俗。席布选用大理本土扎染青花土布；茶具亦是当地饮茶常用器具，茶为晒青毛茶与三道茶的配料。在茶席布置中要引起思考的是“层次”与“递进”感。既是“三道茶”，表现“一苦、二甜、三回味”，可以将三道所选用的器具、茶品有艺术层次的表达。民族茶席更需要体现民族风情。席布也可更有层次感，表现白族人民的热情好客与独特的审美体验。当然，穿民族服饰的茶主人的入席会有一定弥补。另外，实用型茶席上要用到的茶器具必须完备，这也是陈列茶席与实用茶席的区别。

创作：梁细思　赏析：陈云飞

四 蒙古奶茶

摘要 伴随着“一带一路”倡议的实施，曾经的“茶叶之路”正焕发着新的生命力，为构建和谐的世界关系作出中华民族应有的贡献。蒙古奶茶是北方“万里茶道”上的亮点。让中国茶沿着“茶叶之路”传遍世界！

作品主题 草原上的蒙古奶茶，“万里茶道”上鲜明的文化符号。

创新点 茶席采用放射状结构式，犹如茶叶之路由茶席延伸向远处。①场景为蒙古包室内，悬蒙古刀，立马头琴，铺传统羊毛地毯，地毯上摆放蒙古族红方桌。②叠铺式桌

旗，中国结、树叶花纹浅色桌布为底。③插花为草原马兰花，桌面平放格桑花。④奶制品作为茶点放在右前方。蒙古族传统铜锅奶茶放置在方桌前，奶茶以普洱茶熬制。奶茶勺和茶碗放置在桌子左前方，作为迎宾敬茶之用。本席诠释着新时代蒙汉茶文化的交融。

思想表达　我们要继续发扬、传承“敢为天下先”的“茶叶之路”开拓精神，继续大力推动中国茶与茶文化沿茶叶之路走向全球，为构建和谐的世界关系作出应有的贡献。

赏析

“万里茶道”是一条由中国腹地一路北上，穿过内蒙古，直达俄罗斯的陆上“茶叶之路”。一路上茶文化形态之丰富璀璨，历史价值与意义之重大不言而喻。该席以传统蒙古族元素成席——蒙古包、桌、毯、铜锅奶茶等成席，具有强烈的蒙古民族意象。

民族的就是世界的，一个地地道道的蒙古族奶茶茶席，就是一个鲜明的民族茶文化符号。

创作：郗存德　赏析：潘城

第三节　萌真之美

“童趣”和“童趣时光”并非儿童创作，而是由成人创作。童年的时光无忧无虑，天真烂漫，总是令人怀念。本节茶席，一方面，怀念自己的儿童时代，找回纯真的童心，重温萌真之美，让内心变得更加纯净；另一方面，为了弥补大人对孩子缺失的爱与陪伴。现今很多人背井离乡在外打拼，陪伴孩子的时间越来越少。家长是孩子的第一任老师，多陪伴自己的孩子，孩子的健康成长与事业的成功同样重要！

一　童趣

摘要　追忆童年的金色快乐时光，与三五好友一起玩泥巴、跳皮筋、过家家，学妈妈炒菜、做饭，学爸爸用他的“老古董”泡茶。“老古董”里的茶，有点苦有点涩，但装满了爱、装满了欢笑，使人难以忘怀！

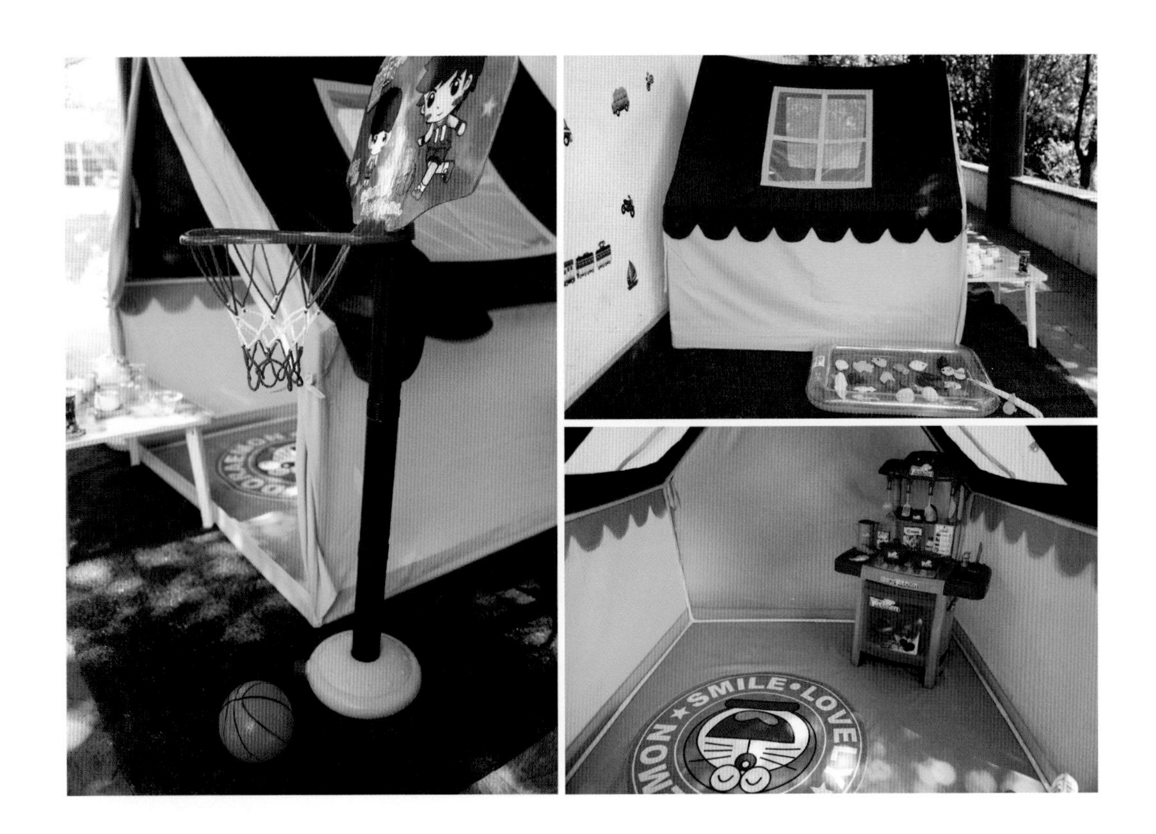

作品主题 儿时的点点回忆，成长的甜蜜与苦涩，用一颗童心珍藏。

创新点 每个孩子内心都有自己的娱乐小天地，有喜欢的玩具，还有模仿大人的一颗渴望长大的心。以天蓝色调表达童年之梦。用帐篷模拟一个小家，用一些孩子们喜欢的卡通玩具，还有小厨房，组成孩子们心目中的那个“家园”。健康的生活源于运动，球投篮的姿势是儿时最崇拜的动作，篮球是孩子们最喜欢的运动项目。钓鱼就如同泡茶一样，能让孩子烦躁的心慢慢平静下来，一杯果味茶既营养丰富又色彩斑斓，有趣的童年呈现在茶席里!

思想表达 由于工作原因，孩子由爷爷奶奶陪伴，作为母亲，我很愧疚。设计这个“童趣”茶席，希望我的孩子能有个幸福的童年，也希望更多的家长能多花时间陪陪孩子。陪伴就是爱!

成人做儿童的茶席，或多或少都会在其中留下自己儿时的影子。这个影子或者是曾经的器具，或者是曾经的语言，或者是曾经的回忆，更有曾经的梦想，即向往和追求。作品从器具入手，用“机器猫”直接渲染“童趣”的主题，以天蓝的主色调，表达童年的梦境，以其他玩（道）具和背景，表现童年的乐趣和活跃的天性，虽然看起来玩具繁于茶具，但在表现主题上依然不觉其赘。

以茶具及茶空间为载体，表达特定的主旨，面临的一个问题是如何把主题与茶的元素结合得更融洽、无隔阂。因年龄段的差异，儿童茶席与成人茶席相比，有更大的特殊性，在主题表现和采用形式及表现手法上，需要付诸更多的精力。从这个角度看，此茶席与其说是呈现了一个美好的作品，倒不如说是呈现了一个问题，而且是一个非常有意义的问题。

创作：史云霞　赏析：于良子

二　童趣时光

摘要　一个温暖的下午，与孩子一起动手，静心准备温馨的下午茶。她把心爱的玩具、水果都摆上茶桌，满满都是幸福和快乐的味道；冲泡绿春，把春天带入茶席；爸爸与孩子一起搭积木、玩游戏，这小小一茶席间满载欢乐时光。

作品主题　童趣，与孩子一起泡茶喝茶，一起走进茶的世界。

创新点　这是一个充满着爱的茶席，浅绿色的桌布，如草地般充满生机；木质的小熊茶台，果树、小草、散落的各种水果、一群“小动物”，营造出户外的野趣。一段轻快的儿童音乐，仿佛让我们回到最单纯的那段童年时光。与孩子一起再体会一次天真无邪的心境，让孩子从小就爱上茶。

思想表达　孩子是一个家庭的希望，她的世界充满童话的色彩，她也喜欢学妈妈泡茶，喜欢和爸爸妈妈一起喝茶，打造一款她喜欢的茶席，一起体验“童趣时光”。

赏析

该席文本对主题的阐述比较全面，文字流畅生动。茶席的元素生动有趣，总体布置也符合儿童的审美特点。

道具丰富、绚丽多彩是茶席的亮点。对孩子来说，可能这两个字最能体现其中的趣味——好玩。在有限的时光中，尽可以让趣味更纯粹一些，更惬意一些，何况这种童趣的时光不会太长（无论是人的一生中，还是一个下午的片刻）。既然是有趣的时光，要突出一个“趣”，趣的内涵，趣的形式，趣的感受，大约都是可深挖的内容。而思想性的呈现，还是要考虑通过一定的艺术手法来达到预期效果。

茶是载体，在无声中浸润童心，使用鲜艳色彩的儿童元素是少儿茶艺最常用手法，要创新也就更有难度。这点也是日益兴盛的少儿茶艺（茶席）所面临的一个值得探讨的问题。

创作：李艳　曹竞文　赏析：于良子

参考文献

References

陈宗懋，2000.中国茶叶大辞典[M].北京：中国轻工业出版社.

范文东，2018.色彩搭配原理与技巧[M].北京：清华大学出版社.

韩玮，2014.中国画构图艺术[M].济南：山东美术出版社.

何灿群，2014.人体工学与艺术设计[M].长沙：湖南大学出版社.

静清和，2015.茶席窥美 [M].北京：九州出版社.

李峰，2014.中国画构图法[M].上海：上海人民美术出版社.

李山，2015.诗经选[M]. 北京：商务印书馆出版社.

钱时霖，姚国坤，高菊儿，2014.历代茶诗集成[M].上海：上海文化出版社.

乔木森，2005. 茶席设计[M].上海：上海文化出版社.

王鑫，杨西文，杨卫波，2015.人体工程学[M].北京：中国青年出版社.

张晓景，2018.色彩搭配从入门到精通[M].北京：中国工信出版集团.人民邮电出版社.

张志云，张蔚，2019.专业色彩搭配设计师必备宝典[M].北京：清华大学出版社.

宗白华，2014.美学散步[M].上海：上海人民出版社.

周智修，2018. 习茶精要详解[M].北京：中国农业出版社.

朱良志，2016.中国美学十五讲[M].北京：北京大学出版社.

朱良志，2018.《二十四诗品》讲记[M].北京：中华书局.

朱光潜，2014.朱光潜谈美[M].上海：华东师范大学出版社.

图书在版编目（CIP）数据

茶席美学探索：茶席创作与获奖茶席赏析 / 周智修主编. — 北京：中国农业出版社，2021.1
ISBN 978-7-109-27027-5

Ⅰ. ①茶… Ⅱ. ①周… Ⅲ. ①茶艺－美学－中国
Ⅳ. ①TS971.21

中国版本图书馆CIP数据核字（2020）第118516号

茶席美学探索：茶席创作与获奖茶席赏析

CHAXI MEIXUE TANSUO：CHAXI CHUANGZUO YU HUOJIANG CHAXI SHANGXI

中国农业出版社出版
地址：北京市朝阳区麦子店街18号楼
邮编：100125
策划编辑：李 梅　　责任编辑：李 梅
版式设计：水长流文化　　责任校对：吴丽婷
印刷：北京中科印刷有限公司
版次：2021年1月第1版
印次：2021年1月北京第1次印刷
发行：新华书店北京发行所
开本：787mm × 1092mm 1/16
印张：15.5
字数：390千字
定价：98.00元